一起来玩吧！

硬汉阿爸的爱心手作

亲手为孩子打造最安心的原木玩具

廖宏德 著

天津出版传媒集团

百花文艺出版社

新经典文化股份有限公司
www.readinglife.com
出 品

出场人物

硬汉爸......

一位整日绞尽脑汁、挖空心思想让女儿开心的爸爸，虽然从小跟着父亲当木工帮手，但其实一开始并没有那么喜欢与木头为伍，反倒是喜欢画画及拆解家中的电器产品。退伍后在电子业当产品企划开发十多年，因为女儿重燃对木工的热情，经常在木作玩具里加入科技的元素让玩具变得更有趣。

......淇淇

硬汉爸古灵精怪的女儿，从两岁半第一次收到硬汉亲手打造的木作玩具后，就不断给硬汉出难题，一发现硬汉不在就会问妈妈："把拔是在做惊喜给我吗？"天真无邪加上天马行空的想法常能激发硬汉创意，某种角度说来倒像是硬汉的"伯乐"。

亲手打造宝贝的
"成长快乐记忆"

我很喜欢阅读以"写给儿子或女儿的 n 封信"为题的文章或励志书，当上父亲之后，也开始盘算着要写些东西给未来的宝贝女儿，无奈肚子里没装什么墨水，始终写不出有营养内容的金玉良言。尽管如此，我仍常想，到底能留下什么东西给五年、十年，甚至是二三十年后的宝贝女儿，让她一看到就能想起我那比太平洋还要满的父爱，终于在一次回云林老家的偶然机会下，我找到了！那一天，我坐在院子大树下乘凉吃西瓜消暑，低头一看，猛然发现坐的椅子竟是爸爸二十六年前亲手做给我用的，尘封多年的记忆与淡忘的亲情再度浮现在脑海，于是突然灵光一闪——来做"木工玩具与家具"留给女儿吧！说不定还可以给孙子孙女玩！

因为父亲的早逝，
木工曾是我最沉重也最不想面对的记忆。

我从小在木工的环境中长大，爸爸、二叔和多位族叔都是装潢师傅，打从五岁起，父亲的工地就是我的游乐场，裁切剩余的木料就是我的积木玩具。十岁后，我也加入这个家族事业，在寒暑假和假日当起父亲的助手，随着年纪增长，我的工作也从搬料、机件刀具保养、环境清理进阶到协助装潢、钉制家具。十三年间，我与父亲一起为许多客户打造了梦想的家园及打拼事业的店面，现在回想起，当年助手的工作虽然辛苦，但每天中午能跟父亲坐在工地吃便当，下午休息一同喝茶吃点心，是我与严肃的父亲之间最轻松的互动时光。在我大学毕业入伍半年后，积劳成疾的父亲因病过世了，那年他才五十五岁，父亲走后留下的大批工具，我跟哥哥将它们全部封存在云林老家的农舍里不再使用，甚至连看都不敢看一眼，怕勾起伤心回忆。直到六年前，我完成终身大事并买了房子，前屋主留下的旧装潢有多处需要修缮或重建，"自己动手做"的念头在脑中一闪而过，但最后还是敌不过沉重的回忆，请了二叔来帮忙。

我也曾经怀疑：我还能动手做木工吗？
女儿的出现让我重拾对木工的热爱。

女儿满两岁起，我跟老婆开始找寻适合她的益智玩具，历经半年却仍找不到让人安心且价位合宜的幼儿玩具。某日上班，老婆用 MSN 传了一条讯息给我，是某连锁便利店销售的"纸作 DIY 复古弹珠台"目录，因为我有非常根深蒂固的传统观念——"纸扎的东西是要用来烧给祖先的"，当下就否决了她的提议。虽然"纸扎弹珠台"没买成，却勾起我小学二年级那年在父亲工地自己钉木工弹珠台的回忆，当下就跟老婆说："我自己做吧！"回家翻出一把前屋主留下的旧铁锤，接着又去特力屋买了手锯、铁钉、木材、油漆，虽然拿工具敲敲打打对我来说并不难，但多年的荒废也让我迟疑了好一会儿。

不过，握住铁锤，往日的记忆与感觉都回来了。制作过程中我发扬了民主精神，选了几个热血英雄跟一个非常小的 Hello Kitty 图片让女儿选择，让她决定弹珠台要什么风格，没想到眼尖的女儿选择了小到不能再小的 Hello Kitty。万般无奈下，只好乖乖制作一台娘味十足的"粉红弹珠台"。不过当我将自己 DIY 的粉红弹珠台摆在老婆和女儿眼前，两双不可置信、发亮的大小眼睛，让我首度有了当父亲的成就感。

后来硬汉不信邪又制作了一台阳刚十足的"钢铁侠弹珠台"，想确认女儿真正的性向，果然，女儿还是更喜欢粉红弹珠台，钢铁侠弹珠台只好转送给朋友的小孩。

做木工的热情一旦点燃，
就像野火燎原般很难熄灭了。

有了成功的开始，再加上在老家树下（不是苹果树）的启发，我开始热衷创作木工玩具给女儿，制作的过程，让我和女儿多了很多沟通与互动，其间最多的沟通大概就数带给网友许多乐趣的"中年硬汉的烦恼之我与无嘴粉红猫的爱恨情仇"。每当理念冲突时就会激发新的点子，加上我的所学和工作的关系，经常将电子元件、触控科技及电脑程序设计加入传统的木工创作，结合科技元素，为单调的木作玩具增添更多乐趣。抱着独乐乐不如众乐乐的心态，我开始在 Mobile01 分享制作过程，没想到吸引一些想为子女制作玩具的父母的询问，加上我的前世情人长得也还算可爱，陆续受到一些媒体的青睐并安排采访，从此在朋友、同事及网友间，我就多了一个新称号——"硬汉爸"。

亲手做玩具的过程让我得到快乐与成就，
女儿偷偷跟保姆说："我有一个厉害爸爸，什么都会做的厉害爸爸喔！"

曾经，因为父亲的逝世，我对木工敬而远之，也因为女儿的降临，我重拾对木工的热情。我特别喜欢一个人沉浸在木作的世界里，在铁锤敲打声中，仿佛回到从前和父亲一起工作的日子。在一个炎热的午后，我做木工做到内衣全湿，反复晾干再穿到汗臭味连自己都觉得难闻，突然有个影像随着汗臭味清晰浮现在眼前——是爸爸专注工作的背影，印象中爸爸总是带着辛勤工作的汗臭味，在傍晚骑着机车回家吃晚餐。现在，木作的时间已经变成我最快乐的时光，似乎能同时听见女儿的笑声还有老爸的谆谆教诲。

很多男人应该都和我一样，是在当了父亲之后才开始学习怎么当父亲，每当看着女儿用天真无邪的笑容欢天喜地地接受你给的每样事物，就让我更加坚定"要用我的双手为女儿打造最安全／安心的玩具与家具"的信念。疼爱小孩的每位爸妈不妨放下黏手的智能手机与平板电脑，试试用您的双手为您的宝贝打造安全的木作玩具，借着这个互动过程让小孩知道您有多么爱他。每个玩具不再只是玩具，而是一幕幕有您陪伴成长的快乐回忆，同时也用身教让小孩知道靠自己的双手能完成很多事，启发无限可能的创意！

网络上发表过的作品

欢乐投篮机

在球篮处嵌入了"红外线检测感应器",搭配自制的游戏程序变成一台有声光特效的小型家庭投篮机,每投进一球,屏幕上就会出现一只 Hello Kitty。不玩的时候还可以收纳成客厅用的茶几。

彩绘小厨房

流理台面嵌入一台"声波式触控显示器",表面硬度高达7的强化玻璃可以承受小孩的破坏,玩腻家家酒时,还能开启绘画软件用手指快乐地画画。

粉红收银台

加了"触控显示器",搭配电脑与自制的结账游戏程序,让小孩在玩家家酒时,也能练习数学及辨识食物名称。

钢铁侠布袋戏

在手掌及胸口装入 LED 灯,惟妙惟肖的"钢铁侠布袋戏",就在手掌上给女儿带来精彩的表演。

海贼王手足球桌

双方进球孔嵌入"触控检测",能判断哪一方进球,进球后,上方的屏幕会播放设定的趣味进球动画。

复仇者联盟打地鼠机

结合了"电阻式触控感应"及电脑控制,搭配自制的游戏程序,既是一台打地鼠机,也是一台小钢琴。

海贼王音乐钟

结合了电子多媒体与机械马达的元件,定时启动的设计,让小孩一听到音乐或看到娃娃旋转跳舞,就知道要吃饭或该睡觉了。

{Contents} 目录

Chapter 1

开始木工前的准备

Chapter 2

开始动手做玩具

Chapter 3
复合功能的益智玩具

Chapter 4
与家具结合的益智玩具

Chapter1

开始木工前的准备

本书针对没有木工经验的新手以循序渐进的方式按步骤教学，制作程序搭配大量详尽的图片做讲解，使用工具也经过筛选，让初学者只须先备妥少量简单工具，学会最基础的技法，就能发挥天马行空的创意，用最简单的方法为小孩打造出爱心兼安心的木作玩具。

硬汉在 Mobile01 论坛发表木作 DIY 玩具后，接到相当多家长的询问，大致可以归类成下列三项：

1. 我也好想帮小孩打造爱心牌玩具，可是完全没有木工经验，请问要如何开始自学？
2. 请问要准备哪些工具？材料要去哪买？
3. 我住在人口稠密的住宅区，家中空间也不大，有办法像你一样做木作玩具吗？

遍寻坊间木工教材，大多侧重于专业机具的使用和各式榫接技法，除非是天生巧手或上过专业木工课程，还要家中空间够大、隔音好或邻居不怕吵，不然光是克服居家环境限制、学会复杂的木工技法、备齐众多的机具，就足够让一些有兴趣的入门者打退堂鼓。其实做木工就像学做菜一样，不是非得会做满汉全席才叫会做菜，有时简单煎颗荷包蛋配上叉烧，一碗简单的"黯然销魂饭"也会让人感动万分。先克服对工具使用的恐惧，用最简单的技巧完成一件简单的玩具，看到小孩的喜悦后，就会有源源不绝持续想动手做的动力。

不要顾虑太多，挽起袖子拿起工具动手做就对了！DIY 玩木工的好处简单来说就是——

流汗、纾压、学技艺。
舒筋、活骨、练臂力。
居家、省钱、想创意。
家具、玩具、真有趣。

在开始之前，有几个必须要注意的事项：

1. 安全第一：硬汉小时候曾目睹一位二十年经验的装潢师傅，意外被圆锯机切断半节大拇指，所以，就算对木工工具操作再熟练，永远谨记一点，手绝对不要放在锋利刀锯或钻头的前方及行进路径上，尽量使用工具辅助。精神不济时，千万不要使用有杀伤力的电动机具。

2. 准备好医药箱：再厉害的武林高手都可能练功不当而走火入魔，更何况木工工具大部分都有杀伤力，开工前，最好先备妥有简易消毒杀菌及治疗刀创伤的医药箱，以备刀创伤时紧急自我处理。

3. 本书介绍的工具是作者手边现有的工具，种类以一个工具箱能装进去、不占居家空间为原则（硬汉的"工具箱"就是喜饼盒伪装的），读者可以在五金卖场找到相同或近似功能的工具。

4. 本书示范的木材主要以 DIY 量贩商场售卖的松木为主，入门初学者容易取得，且加工方便。五金材料则从 DIY 量贩商场、网店与五金建材店购得。读者也可从其他渠道购买，调整作品尺寸。

 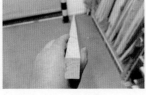 

5. 本书中使用的五金配件会在各章节再分别说明。

6. 有任何疑问，欢迎 mail 至硬汉的信箱或 Facebook 粉丝页询问。

木工新手要准备哪些工具？

木工的世界博大精深，简单地解释就是"把一些经过设计、尺寸裁切精准的木件用各类技法组合起来"，而"各类技法"有其对应施作的专业工具，建议入门新手先不要想一步到位，把各种工具买齐才开始学木工，因为：

1. 木工工具种类太多了，从几百到上万块都有，乱买一通会花费很多钱。

2. 没用过的工具不见得会好用，甚至有可能开动机具后还不太敢用。

3. 没做到太复杂的木工结构，专业的工具也派不上什么用场。

4. 工具使用完需要整理保养，不常用的工具放着生锈也是浪费。

5. 工具多相对就要准备较大的收纳空间放置。

硬汉的建议是：先学会使用最简单的工具与技法来制作简单的作品，等到能熟练使用手边简单的工具后，再循序渐进添购进阶的工具。如果只是想跟硬汉一样轻松做个弹珠台、小火车、小厨房或"乌克喵喵"①给宝贝玩的话，不需要太多的准备，只须备妥你的爱心、耐心跟以下简单的工具就可以开始了。

必备的简单工具

如果要用更浅显易懂的字句来形容木工，就是六个工序：画、锯、修、固、收、涂。以下是每个工序所须准备的工具：

---

①硬汉曾为淇淇制作一把画有 Hello Kitty 的尤克里里，戏称为"乌克喵喵"。

画 "画"指的是制作前的"设计规划草图"与施作中的"量测画线标注"。
初学者做木作前最好先画出想做的木作设计草图，才能知道要准备什
么尺寸及多少用量的木材，同时也能检视各木构件会不会组合不起来。

设计图画好后，在木材上按照设计图尺寸量测长度并画线标注，才能进行下个裁
切步骤。绘画的工具有：

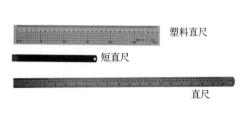

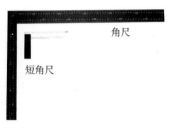

直尺：主要用来画直线跟量刻度，常
见有塑料制及金属制，一般做木工
喜欢使用金属制，一来辅助刀片划
割木件时不易被刀片削落，二来金
属制的铁尺前端通常没有空白区，
使用上比较方便，常用的长度有
15cm 及 60cm，也有 100cm 加长型。

角尺：可以用来画直线、垂直线及确
认物件直角。像直尺一样，准备一
大一小的角尺会让木作精准度与施
作简单许多。

分度尺：可以绘制 0 ～ 180 度间的各
种角度的斜线。

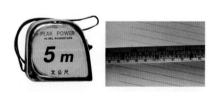

卷尺：有 3m、5m、8m、10m 等多
种规格，长短物件都能量，迷信的
人还可以参考上头的吉凶备注。

圆规：用来画圆弧角，使用文具店买
得到的最便宜的即可。

游标卡尺：精准度很高的量尺，可以量物件的宽度、内外径、深度，有刻度跟液晶显示两种，液晶显示较方便判读刻度。

铅笔与橡皮：用一般铅笔即可，如果懒得削，用自动铅笔也行，重点是笔头不要太钝，以免精确度偏差。

锯

裁切木材使用的手锯种类相当多，不过就像少林功夫一样，没有高深的内力做根基是练不成七十二项绝技的，使用锯子的难度在于要锯得直，厉害的木工达人通常只有一句建议——多锯才会直。建议新手准备一把 DIY 卖场卖的简单折叠锯就可以了，等熟练后，再购买其他专用锯或电动线锯机，有电动线锯机后，几乎就可以做出硬汉发表在 Mobile 01 木工版上的所有作品了（电子部分除外）。

多种锯尺

折叠锯：单手手持就能切锯木头，用来锯直线板材或角材都十分好用，熟练后还可以锯些大弧度的曲线板材。

线锯机：单手手持就能切锯木头的电动锯，可以替换薄片的锯片，因此能锯出手锯无法切锯的小圆弧及不规则角度，锯片越窄能锯的圆弧就越小。因为可以省下许多时间及力气，用过线锯机后，通常会跟"犀利人妻"[1]有一样的感想，那就是——回不去了！

———————————
[1]台湾偶像剧，讲述一对幸福夫妻遭遇第三者插足后，妻子犀利回击的故事。

修 木构件切锯完后，断切面多少会有些毛边或粗糙，加上木构件修整前棱角也会相当尖锐，这时就可以使用美工刀、刨刀或凿刀进行修整。如果需要钻孔，就需要准备手钻及钻头。

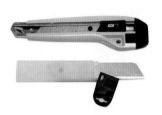

美工刀：一般书店或五金店都能买到，建议购买能更换刀片的大美工刀，就能轻松修整毛边或是没有锯好的薄断切面。

刨刀：一般木工常用的刨刀就多达十几种，本书主要教导简单的木作玩具与家具，所以介绍入门款的木工刨。可以单手手握操作，能轻松将木构件棱角刨出圆弧 R 角。

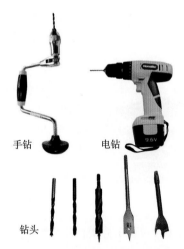

手钻　电钻

钻头

手钻／电钻／钻头：木构件需钻孔时使用，搭配凿刀就可以轻松做出方孔。手钻需两手操作较不方便，电钻能单手操作，另一手可以扶持木作。手钻及电钻都可依钻孔大小形状替换不同尺寸及用途的钻头，此外也能搭配各式起子头当电动起子使用，是居家修缮相当好用的工具。

凿刀：主要用来在木构件上凿洞或沟槽，刨刀碰触不到的短面或内面也可以用凿刀来修整。

[注] 刨刀和凿刀要好用必须先磨利，但磨刀有特殊且复杂的技巧，再加上如果没有专业人士指导恐会受伤，所以本书暂不讨论磨刀方式，有心精进者可至坊间木工教室学习。

固 结合固定切锯、修整好的木构件的方法有很多，最简单的就是直接用铁锤将两个木构件用铁钉"钉合"，或是使用螺丝起子将两个木构件用螺丝"锁合"。

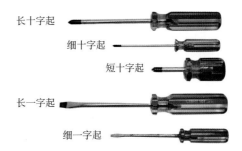

锤子：锤子是做木工最基础的工具，不但可以展现木工的力与美，也是日常减压的好伙伴。常用的锤子可以准备两种：铁锤及橡胶锤。铁锤用来敲铁钉；橡胶锤用来轻敲榫接、槽接或修正错位的木构件。

螺丝起子：螺丝有槽牙结构，因此对木构件的咬合力会比铁钉强很多，螺丝需要使用螺丝起子来锁附固定，依螺丝的构造，螺丝起子有"一字""十字"与"内六角"三种，初学者不须准备太多种，常用的"一字起"与"十字起"准备粗头、细头、短柄就够用了，往后如果会经常用到，追加一把电动起子会省力很多。

收 所有的木构件结合完毕后，就要进行表面平滑的处理，可用刨刀与凿刀再修整一下棱角，木构件施作中意外造成的缺损可以用补土修补，最后用砂纸将木构件表面打磨光滑，以便进行下一道工序。

补土：可用来填补木构件的刀痕或细缝的一种软泥，使用时须用刮片抹平。

1 白色补土：如果准备上色漆，缝隙就可以用白色补土修补。
2 各种染色的补土：如果准备上亮光漆或上蜡，缝隙就需要用颜色与木头相近的染色补土修补。
3 使用白色补土填补修饰木构件缝隙。

砂纸：砂纸的粗细以型号来区分，数字代表 1 平方英寸里的砂粒数，例如 #60 指每平方英寸的面有 60×60 颗的磨砂粒，数字越大磨砂颗粒就越多越细，越细的砂纸打磨木头表面就会越光滑。一般来说准备 #60、#100、#220 粗中细三种就够用了。如果使用的木材非常上等，要用到 #800、#1000 以上等级磨出像婴儿光滑肌肤触感也行。另外还有一种做在海绵上的海绵砂纸，上手非常好用。

1 一般常用的 #60、#100、#150 的砂纸。
2 #60 粗的砂纸和 #800 极细砂纸的区别。
3 可以拿在手上使用的海绵砂纸。

涂 既然选择自己动手做木工，最后一道工序自然要选择天然安全的涂装，木作打磨好后，可以视设计选择上蜡或上漆，市面上的木作玩具与家具最让家长担心的，就是木材与涂料中的有毒化学物质与重金属，以下就针对本书使用的安全涂料进行说明。

蜂蜡：天然蜂蜡加亚麻籽油及香精的混合涂蜡，简单涂抹在木材表面就有很好的防水及抗污保护效果。

油漆：广泛用于儿童木作玩具的OSMO漆料，由植物油提炼而成，不含致癌甲醛、甲苯等芳香烃类溶剂与有害重金属，对人体绝无伤害，唯一的缺点就是"颇贵"。如果预算有限，使用一般国产绿色环保涂料也无妨，只要小孩养成吃东西前勤洗手的习惯就行了。使用油漆时，如果过于浓稠可用松香水稀释，松香水也建议选择不含甲醛、甲苯与有害重金属的品牌。

底漆：用来填补木材表面纤维不均匀处的密封漆涂料，具有防发霉、腐烂或虫咬的功能。

亮光漆：涂在木材最外层，使表面光亮美观并产生平滑薄膜的涂料，有抗水渍、防油污脏污等功效，方便清理木作表面。

材料要去哪里买？

如果家附近有木材行、建材店及五金店，直接就近购买就行了，不过对材料名称还不熟悉的新手来说，刚开始到上述商家采购，通常不太容易顺利买到东西吧？原因其实很简单，因为"老板听不懂你要买的东西"，这类传统店家多半经营熟客或专业人士。而你也不要太指望靠自己就能找到想要的东西，传统五金建材店的商品陈列会将卖场空间做最佳化使用，除非你有图片给老板看，或比手画脚描述得非常清楚。硬汉并不是不建议去这些商家购买，只要你知道正确的材料名称、拿书上的照片给老板看或手头有样品，传统店家的材料单价还是要比连锁卖场便宜许多。

对于不熟悉材料名称的入门新手，硬汉建议直接去特力屋、Homebox 或 IKEA 等 DIY 零件卖场，在这些地方买东西有个好处，就是卖场空间宽敞舒服、商品陈列清楚，而且不需要被老板"专业"的眼光注视，可以在轻松状态下挑选想要的材料，若找不到还可以问卖场人员。因为卖场空间大，商品包装精美，所以商品售价相对会比传统五金建材店贵上几成甚至几倍。

1 特力屋与Homebox有多种尺寸的松木、榆木、橡木拼板、松木条、胶合板可供选用，特力屋还提供免费裁切的服务。

2 DIY卖场的五金零件琳琅满目且排列整齐，有时候边找还会有新的灵感，虽然比较贵，但买过一次之后，下回就能带着实物去五金店找相同或相近的便宜零件了。

3 铁钉与螺丝是木工最重要的耗材，其规格繁多也是初学者选择时的困扰之一，DIY卖场的钉类很多，你可以先选几种试用，再带着合适的样本去五金店购买。

此外还可以网购，许多商家将商品拍照上传销售，也是十分方便的购买渠道。网络上的商品千奇百怪无奇不有，少量购买也不用看老板脸色。至于连要准备些什么都不清楚的朋友，"Mobile01小恶魔论坛：木工DIY版"是很好的交流平台，在上面提出你的问题就可以得到许多同好的协助。此外，还可以逛逛"细木作爱好者平台"（http://www.fwp.idv.tw），网站中分享了许多木工教室、材料（木材、五金、胶类、漆料）卖场、工具卖场、网络卖家、电动工具维修的相关资讯，是资料十分丰富的木工网站。

购买材料时的注意事项

想自己动手DIY的原因不外乎是想更便宜、更好用、更安全，以及想在亲友、老婆、小孩面前扬眉吐气、昂头挺胸。许多人喜欢实木家具的质感，但实木家具材料和人工都比较昂贵，只好退而求其次向价格低廉的DIY家具套件妥协，买DIY套件回家，自己按图锁几颗螺丝。刚开始倒也蛮有乐趣的，不过在使用一段时间后，这些DIY套件组合的家具通常就会触发一些使用想法——

"如果椅背可以高一点、桌面可以长一点、书架可以窄一点、柜子可以高一点就好了……"

"橱柜为什么有一股呛鼻味？"

"书架的板子为什么用一阵子就受潮、发霉、弯曲了？"

因为要大量生产压缩成本，所以DIY家具使用的板材多半是能快速制造且成本低廉的密度板或塑合板，这两种板材大多使用木屑及木粉加胶高温压制而成，因为没有连续纤维支撑及密度较松，板材会有几个问题：结构强度弱、抗潮能力差、游离甲醛多、裁切变更设计不易。

知道上述缺点后，自己动手做就能选择好一点的材料，考虑到价格实惠及容易获得，松木集成板是初学者不错的选择。

上面是结构松散的塑合板，下面是质地密实的松木拼板。

除了选择木材种类之外，需要注意的重点还有甲醛的释放量。甲醛是一种具有高毒性的化学物质，二〇〇四年世卫组织（WHO）发布的第153号公报中指出，甲醛具有很高的致癌性，会刺激人的眼睛、皮肤、呼吸道黏膜等，造成人体免疫功能异常、损伤肝功能、神经中枢及造成慢性呼吸道疾病，还可能导致胎儿畸形。甲醛的主要来源就是木工中人造板和涂料等大量使用的黏合剂，一旦遇热遇潮就会从材料中挥发出来。关于甲醛的释放量在欧洲、日本及台湾地区都有标准规范（详见下表）：

各国／地区板材游离甲醛释出检测标准
◆台湾／日本

等级		甲醛释放量（水中含量）		
台湾	日本	平均值	最大值	换算值
F1	F★★★★	0.3 mg/L	0.4 mg/L	0.24 ppm
F2	F★★★	0.5 mg/L	0.7 mg/L	0.41 ppm
F3 [注]	F★★	1.5 mg/L	2.1 mg/L	1.22 ppm
	F★	5.0mg/L	7.0mg/L	4.05ppm

[注] 台湾现行规范不得贩卖未达 F3 等级的板材

◆欧洲

等级	甲醛释放量（空气中含量）
E1	0.1ppm 以下
E2	0.1ppm ～ 1.0ppm
E3	1.0ppm ～ 2.3ppm

木材上清楚标示"甲醛释出量"的标签。

购买木材时，除了要注意甲醛释放量之外，也要注意涂料中是否有甲醛成分，以及无甲苯及铅铬汞等会危害人体健康的有害化学物质及重金属。虽然安全涂料比较贵，但为了家中宝贝的健康，少喝一两杯连锁超商的咖啡就可以了。

清楚标示检测等级的安全环保涂料。

清楚标示不含有害化学物质及重金属的松香水。

如何克服居家玩木工的环境限制

近几年，都会区房价狂飙再加上居住品质意识抬头，想在人口密集的住宅区里弄个能畅所欲为的木工场地是件很困难的事。试想，如果在轻松的假日早晨听到狂野咆哮的电锯声，连爱做木工的硬汉也会觉得很困扰，更别提邻里关系了，肯定会变得十分紧张。越来越多的集合式大楼甚至明文规定，周六日及早晚休息时间不得有装潢产生的噪音，这让在家玩木工的难度更是提高很多，也造成市区的木工教室每每一开课就客满的情况。

不过，木工爱好者也不必太气馁，如果不是做床、橱柜等大件的木作，只要准备一张长120cm、宽60cm的工作桌就足够了，要是想再舒适点，大约有个二至三坪的空间就很好，硬汉认识一位木友，总是在厨房及洗衣间夹缝中求生存。

如果你居住的环境对噪音容忍度很低，就要舍弃加工方便的圆锯机或修边机，购买木材时就要寻找可以代客裁切的商家，裁切费用大多以刀数计算，一刀10～20元，裁切会有2～3mm的误差，如果需要精准切割，每刀的费用则会增加至50元。特力屋也提供木材代裁服务，虽然木材价钱较贵，不过裁切不另外收费，裁切误差在3mm内，只要在设计木作时，将误差考量进去或用线锯机修正就能解决。不过特力屋的裁切服务有长度限制，木材的长度需超过30cm。

约两坪半大的工作室兼晒衣间。

特力屋免费代客裁切区。

至于铁锤敲击铁钉产生的巨大噪音，只要将铁钉改为螺丝固定即可，就算使用电动起子，锁附螺丝时也不会发出太大的声音。如果不得已真要做些会发出噪音的工序，那就好好选择施作的时间，尽量挑在中午 10～12 点与下午 4～6 点非睡觉时间来做，不太会被邻居报警。

改为螺丝固定就能避免铁锤敲打发出的噪音。

居家木工最后要解决的就是"木屑粉尘"的问题，如果空间允许，建议在家中阳台使用线锯机、钻孔及进行打磨，木屑较易清理；如果是在室内，最好准备一台强力吸尘器或涡卷式空气清净机，一定要记得戴上眼罩、口罩及耳塞，不然可能吃再多清肺的木耳也不管用。

硬汉见过一位住在大楼里的爸爸，买了一顶帐篷挖了两个洞，其中一头接上吸尘器，戴上眼罩、口罩及耳罩就在书房里架起帐篷做起木工，真是佩服他的巧思与决心。不过，硬汉也常克服困难地在厕所裁切，果真是验证一句俗话——天下无难事，只怕有心人！

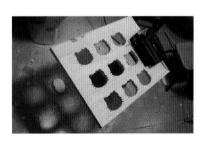

准备一台吸尘器就能解决木作时恼人的木屑、粉尘。

学会这几招，你就有木工经验了！

还记得小时候爸爸教我做木工时，曾开玩笑地说："木头锯得直，铁钉钉得准，木工就学会一半了！"木工是一项很实用的生活技能，先学会一些简单的技法，然后常动手做，平时多看别人的作品，不懂开口问，等到有天另一半把家中的家具都换成你做的木作时，你就算是木工达人了。

简易结构概念

木工和其他手作最大的差别，在于木工是 3D 立体的成品，需要有长、宽、高基础的立体空间概念，才能准确地完成。学过机械制图的三视图判读会对绘制木工设计图有很大的帮助，不过没学过也没有关系，只要依据下列步骤一步步地多做几次，就能掌握建构立体木工作品的诀窍。以下简要说明木作设计的步骤：

步骤一

确认木制作品的长、宽、高尺寸，假设用 1.8cm 厚的木板做一个每边各长 30cm 的玩具收纳木箱，请直接画出外形尺寸图。绘图时因为精准度的考量，一般会用毫米（mm）来标示尺寸。

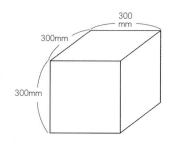

步骤二

依序拆解木构件。虽然没有固定的顺序，不过拆解步骤会影响木作的制作步骤。例如，硬汉会先画出上盖板，因为开合时不能让它掉入木箱，所以上盖板要画放在侧板之上，由上往下量测 18mm 画一条红线代表上盖板（蓝色部分）的木板，扣掉上盖板 18mm 板厚之后，侧板高度就剩 282mm。

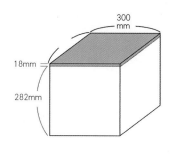

步骤三

为了让木箱正面美观看不到木板结合线，须将结合处设计在两侧，在侧板两侧向内量测 18mm 各画一条红线代表前、后侧板（绿色部分）的板厚，扣掉前、后侧板两片各 18mm 板厚之后，左右侧板（黄色部分）宽度就剩 264mm（300-18×2=264）。

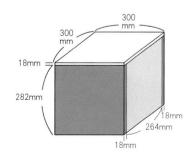

步骤四

最后将视角移动到玩具收纳木箱底面，画上代表前后底板的两条 18mm 板厚红线，接着再画上代表左、右侧板的两条 18mm 的板厚红线，剩下一块 264×264mm 的区域（橘色部分）就是玩具收纳木箱的下支撑板。

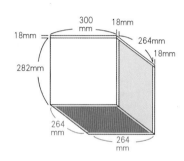

步骤五

将每块木板分离绘制，就得出构成玩具收纳木箱六个面板的板材尺寸。

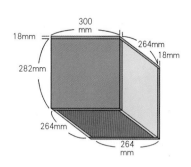

上盖板 ×1 片
300×300×18（mm）

前、后侧板 ×2 片
300×282×18（mm）

左、右侧板 ×2 片
264×282×18（mm）

下支撑板 ×1 片
264×264×18（mm）

尺寸测量及线条绘制

在木板上画直线：使用直尺。

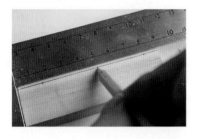

在短板材或角料上画垂直线：使用小角尺。

在长板材上画垂直线：使用大角尺。

画边角圆弧：使用圆规。

画非垂直斜线：使用分度尺。

1 松开固定分度尺的旋钮。

2 调整分度尺上要绘制直线的角度，调整好再旋紧旋钮固定分度尺。

3 将分度尺放在木板上，就能绘制任何角度的直线。

绘制好线段后可以再加注裁切方向箭头，因为锯子的锯齿 1～3mm 都有，依照箭头标示方向裁切线段的左侧或右侧，就可以减少板材 1～3mm 的误差。

手锯与线锯机的使用技巧

手锯的使用诀窍

若放大手锯的锯齿,可以发现锯齿靠把手一侧接近直角,另一侧则为斜角。因为手臂施力时,内拉的力道比较好控制,掌握锯子的精准度也比较高。锯齿构造让使用手锯时往内拉施力即可,外推时,只须收力顺势向前轻推,顺便修正锯片角度。锯的时候,以肩膀为转轴支点摆动手臂,手臂和手锯保持垂直角度,这样就能锯得很直了。

1 手锯的锯齿放大图。

2 用大拇指指甲顶在要锯开的线条上,大拇指与木板呈垂直角度。

3 将手锯轻靠在大拇指指甲旁,手锯轻轻地向前重复滑动3~5下,这时还不要向后用力拉锯。

4 将木板上的裁切线滑出锯痕切槽,又称锯路。

5 手指离开锯片旁并紧压木材,此时持手锯的手就能开始用力拉锯板材。

电动线锯机的使用诀窍

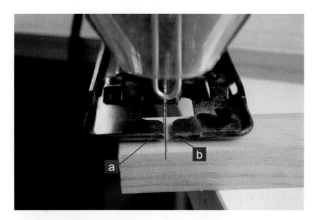

a：让支撑铁片的内缘沿着描绘线条前进。
b：锯片从描绘线的另一侧锯。

1. 有些线锯机的支撑铁片有基准线可以参考，将基准线对齐画线，锯片对准裁切方向慢慢轻推即可。

2. 将线锯机反装也很好用，两手固定木板，加上裁切方向相反，可以看到锯片的摆动方向，让裁切的断切面更笔直。

3. 使用线锯机裁切时，不要贪快硬推，硬推容易造成锯片左右弯曲锯偏，严重的话，甚至会折断锯片。

4. 线锯机使用时会产生细微木屑粉尘四处飞散，可能会吸进体内或弹入眼睛造成伤害，一定要戴眼罩和口罩。如果没有使用电锯或修边机之类会产生高分贝噪音的机具，就可以不戴耳罩。

铁锤的使用技巧

手拿铁锤用力敲打铁钉是一项相当减压的活动，敲打铁钉看似非常简单，但若不留意，还是会让你的手指大红大紫，使用铁锤的诀窍如下：

1 尽量手握铁锤握柄尾端。

2 一手用拇指与食指捏住铁钉的尖端，将铁钉放上木板，铁锤一开始不要举太高，距离太远敲到手指的几率较高，不熟练的新手可以先距离2~4cm轻敲2~3下。

3 待铁钉没入木板一小段后将手移开，铁锤再稍微举高一点，向下重击，至于铁锤举到多高，自己能精准掌握铁锤的落点就好。

4 铁钉敲歪是常有的事，如果只是轻微偏差，轻敲铁钉侧面，就可以调整回来。

5 如果铁钉变形太严重，那就拔掉换一支新的，拔铁钉时要在木板上垫一块隔板以免木板面受伤，小铁钉用老虎钳或尖嘴钳拔就行了。

6 拔大铁钉就需要用铁撬，有种铁锤结合了铁撬的设计，准备一把顶两把。

铁钉的使用也要注意，如果距离板边过近或下钉处刚好是拼板的结合处，就很可能产生板裂的情形，可以调整铁钉的粗细或先钻个小洞克服。新手在敲击铁钉时很容易因为瞬间冲击使木构件易位，这时候可以涂些木工胶粘合定位，或用木工夹辅助定位。

手动起子与电动起子的使用技巧

用螺丝固定木作可以避免噪音产生，而且螺丝的行进速度缓慢，能避免木构件受敲击移位的情况发生。使用手动起子没有什么诀窍，用拇指跟食指捏住螺丝定位，再用螺丝起子对准螺丝垂直下压，顺时针旋转向下锁就对了。

电动起子的用法和手动起子无异，它也是一项用了就放不下的省力电动工具。电动起子还可以替换不同形式的起子头，十分方便，如果一次要锁几支螺丝，建议准备一把，会更省力。

螺丝和铁钉一样，如果距离板边过近或下钉处刚好是拼板的结合处，就很可能产生板裂情形，因此建议先钻孔再锁。电动起子的扭力要调整适中，不然容易锁过头板裂或滑脱。

手钻与电钻的使用技巧

木板或角料要开孔时，就需要用到手钻，手钻可以视钻孔大小更换钻头。使用手钻时，钻头尖端先对准木头表面欲开孔的位置，一手握住手钻一端椭圆形的握柄不动，另一手握住手钻中段的握柄，以顺时针方向旋转手钻就能慢慢向下钻孔。钻出孔后再逆时针反向旋转，就能拔出钻入木板里头的钻头。

电钻有手持跟立式两种，手持电钻的用法和手钻一样，注意钻头要跟木板保持垂直（斜锁设计例外）。硬汉比较偏好立式钻床，立式钻床钻孔的稳定度及垂直精准度都比较好，基本上这也是一种用了就放不下的电动工具。

使用手钻或电钻钻孔时，容易因木纹纤维软硬间隙而钻歪，可以用中心冲先辅助定位。

1 手钻。
2 电钻。
3 立式钻床。

1 半自动式中心冲与中心冲。
2 半自动式中心冲一头是金属尖头，另一头可以手握，将金属尖头对准螺丝要锁入的地方，或者是准备要钻孔的定点。
3 将半自动式中心冲垂直慢慢下压，就能在木头表面压出一个小圆孔，这样锁螺丝或钻孔时就不易产生位偏。

刨刀的使用技巧

木板裁切后，断面毛边或棱角尖锐的部分可以用刨刀来刨除。使用刨刀时，注意刀片露出刨身诱导面不要太多，刀片外露太多会刨不动或刨不平伤到木头，大约外露 0.1～0.3mm 即可（约为指甲的厚度），压铁比刀片退后大约一根头发的间隙。

刨刀行进方向沿木头纤维纹理（木纹）顺向轻轻施力即可，如遇到木节，可以让刀片向刨身再内缩一些，以少量多次的方法刨除。

退刨刀可以用铁锤轻敲刨身后方两侧（刨尾）。刨刀放置时，要养成将刀面朝上放置的习惯，可以减少刨刀刀锋与诱导面的撞击损伤。刨刀的打磨、调整与使用是一门学问，有兴趣的读者可以至坊间的木工教室进一步学习。

平时放置刨刀时，要将刀面朝上放置。

刨刀的行进方向是沿着木头纤维纹理顺向轻轻平拉。

砂纸与磨砂机的使用技巧

砂纸打磨的方式很多，如果是要用手慢工出细活地磨，海绵支撑的海绵砂纸拿起来会比较顺手，磨平了还可以剪块相同大小的砂纸，贴上去继续用。磨的时候，须顺着木纹纤维方向来回轻推。

硬汉建议可以花一点钱买台电动磨砂机，除了省力，打磨平面也会比较均匀。

一般市售的砂纸可以交叉对折两次，裁成四小片安装在电动磨砂机上，大部分的电动磨砂机都会附集尘袋，使用附带的打孔片压出孔，就可以打磨了。电动磨砂机的震动颇强，要拿好以免失控。如果要磨的是小木件，可以将电动磨砂机反过来，放在软性吸震的缓冲材料如海绵或卫生纸包上，同样一手紧持电动磨砂机，一手拿小木件找角度打磨。

利用海绵砂纸来打磨会比较顺手。

电动磨砂机使用起来不但省力，作品也更加美观。

使用电动磨砂机的打孔片将砂纸压出孔。

打磨小的木件时，可以将电动磨砂机反过来操作。

涂料的技巧

上蜂蜡的方式

1 拿块布蘸蜂蜡直接抹在打磨平滑的木板表面。

2 采用顺时针方向画圈的方式，会把蜡上得更加均匀。

3 薄薄上完一层后，一手拿吹风机用弱热风吹，另一手拿布在吹风的位置用画圈的方式再推抹一次。蜂蜡在50～60摄氏度会熔化成液状，热风能让蜂蜡加速被木材纤维吸收。

4 木材吸收蜂蜡后，木纹会清晰浮现，同时还具有防水抗污好清理的优点。不过，上完蜂蜡后的木作不要再接近高温，以免木材表面的蜂蜡再度熔化。勤快一点的人可以每年上一次蜂蜡，好持续保护木头并保持色泽。

5 可以清楚看到木材涂上蜂蜡后（右侧）防水能力变强，能防止发霉发黑，也容易擦拭清理。

上油漆的方式

猪鬃刷毛
羊毛刷毛
化纤刷毛

1 可以挑选刷毛比较细致的刷子，油漆刷痕不那么明显，一般来说，羊毛刷跟化学纤维刷会比猪鬃刷细。

2 油漆不要一次蘸太多，以免产生明显的流痕，大约蘸油漆刷的 1/3 即可，最多不要超过 1/2，以免油漆刷后段的刷毛因为油漆干掉变硬无法清理，缩短油漆刷的寿命。

3 上漆时顺着木头的木纹纤维走向刷，薄薄地刷上 1 ~ 2 道即可。

4 如果油漆刷蘸了太多油漆，过多的油漆就会在板侧产生流痕，可以先贴一层纸胶带隔离。

5 刷完第一层后，静置待油漆完全干透，再刷薄薄的第二层（一般最好放至隔天，阴天的话则要更久）。如果颜色还是不够饱和，可以等油漆干后，再刷第三层。每刷一层之前，可以先用 #800 以上的细砂纸轻轻磨除油漆表面产生的气泡颗粒，少量多次的刷法比较节省油漆，刷痕也不会那么明显。

上底漆和亮光漆的方式

上第一层   上第二层   上第一层   上第二层
底漆   底漆   亮光漆   亮光漆

刷子的使用方式和上油漆相同，刷毛轻蘸，约 1/3，先上第一层底漆，静置风干后，用 #800 以上的细砂纸轻轻擦除表面气泡颗粒，上第二层底漆，再以相同方式上一层亮光漆，如果觉得不够亮，可以再上第二层亮光漆，基涂了两层亮光漆的木材表面一般就非常光亮了，抗湿或抗污效果都非常好。

本书的使用方法

以下是本书制作步骤的阅读方式，在开始制作之前，先熟悉以下基本的格式与说法，就能更快体会 DIY 的乐趣啰！

■ 材料均以"材料名 + 英文字母"的格式书写，每种材料都可以在"料件清单"中找到对应的规格尺寸与用量。

■ 在"结构图"中同样可以找到"料件清单"中对应的材料规格尺寸与用量。

料件代号	材料名称 + 规格	用量	备注
Ⓐ	木板 300mm（长）×200mm（宽）×18mm（厚）	2	
Ⓑ	短边条 200mm（长）×45mm（宽）×12mm（厚）	2	
Ⓒ	长边条 324mm（长）×45mm（宽）×12mm（厚）	2	
Ⓓ	木条 150mm（长）×45mm（宽）×12mm（厚）	1	
无	蝴蝶后纽	1	网购「花花木工 DIY 补给站」有售
无	32mm (1-1/4") 平头螺丝	4	五金行或 DIY 卖场有售
无	12mm (1/2") 平头螺丝	16	五金行或 DIY 卖场有售

[料件清单]

15 比照固定短边条 Ⓑ 的工序，每边各用 6 支 32mm 平头螺丝，将长边条 Ⓒ 固定在木板 Ⓐ 上。

做法中提到的"长边条 Ⓒ"可以在"料件清单"中找到。

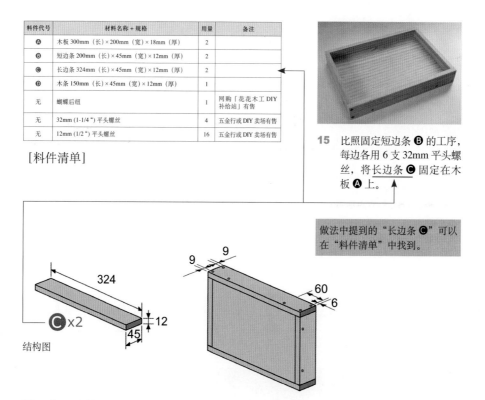

结构图

■ 在"结构图"中颜色较深的部分代表木口端，浅色部位代表其他木端、木表、木里面。

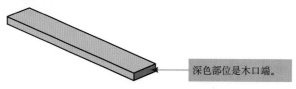

深色部位是木口端。

■ 做法中常出现三种钻孔方式：封闭孔、穿破孔、沉头孔（沙拉孔）。

1. 封闭孔：一侧没有穿透的孔。

2. 穿破孔：两端贯通穿透的孔。

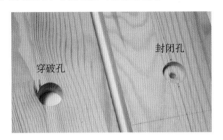

3. 沉头孔（沙拉孔）：一般木工用的自攻螺丝都是沙拉头（倒三角状），直接锁在木头上有可能会压出裂痕，螺丝面也不会和木材面保持平整。在木材螺丝钻孔上先用与螺丝头相同直径的钻头钻出相同大小的倒三角形扩孔，螺丝锁入时，就可以和木材面吻合。

■ 在"结构图"中如果木件有经过钻孔加工的制程，图面钻孔附近会以希腊数字❶、❷、❸……标示方式注记，同时可以在图件上找到对应希腊数字的开孔规格说明。

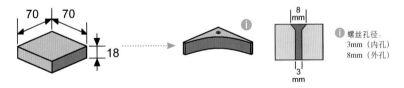

■ 本书各木作的"结构图"所标示的尺寸都是以毫米（mm）为单位。

■ 各木作所需的制作时间为纯木工时间，不含上色、上漆、上蜡等变异性大的时间，并分别以入门者和熟练者来标示，读者可以依自己的木工熟练程度来评估。

Chapter2

开始动手做玩具

本章先从简单的结构入门，做玩具的过程中还可以跟小孩一起动手玩，经由做木工时的肢体接触，表达自己对小孩的赞美与关爱，而且记得要不断对小孩说："你好棒！爸爸（妈妈）好喜欢和你一起玩游戏。"

自从二〇一二年七月开始动手做木作玩具讨我的前世情人欢心，到二〇一三年七月整整一年间，我总共做了十八个玩具给女儿，不久前有位即将成为父亲的网友问我："到底是什么动力，驱使你奋力不懈地创作新玩具给女儿？"我开玩笑地修改了席慕蓉的《一棵开花的树》，来回答身为人父的心境。

　　一支开心的铁锤

　　如何让我疼爱你，在爸爸最快乐的时刻，
　　为此我埋首工作室，已忙了许多时日。
　　爱你让我想出许多点子，
　　铁锤把点子化作一个个玩具，放在你最依恋的家中，
　　客厅里满满地摆满了玩具，个个都是我用心的杰作。
　　当你走近尽情游玩，那跳动的 Kitty 是我无奈的妥协。
　　而当你终于玩腻地走开，在你身后堆满一地的，
　　女儿啊那不是玩具，是爸爸再接再厉的心。

我非常享受给女儿做玩具的时光，也始终相信为了陪伴，父母亲手做的木作玩具对孩子来说，就不只是简单的玩具，而是可以让孩子拥有自己被真诚关爱的记忆。研究证实，成长过程中得到父母充足关爱的小孩会有稳固的安全感，会让他们的人格特质更独立自主。

孔雀开屏蜡笔架

利用线锯机完成的简单木作小物，
可以养成孩子自己收纳文具的好习惯。

难度 ☆☆☆☆☆

制作时间　入门 4～5hr

　　　　　熟练 2～3hr

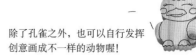

除了孔雀之外，也可以自行发挥
创意画成不一样的动物喔！

自从帮淇淇做了一张长桌子，画画也更方便了。　　　淇淇在投篮茶几上的涂鸦让冰冷的木作有了生命。

从小我就很喜欢画画，念幼儿园和小学的时候总是第一个到学校，因为这样就能独占教室的大黑板尽情地画画，那时不只是教室的黑板会遭到我的毒手，连教堂、寺庙、市场，甚至是小杂货店记赊账的黑板，我都会自备粉笔跑去画画。我的启蒙老师应该算是一本不知道哪来的动物素描本，每天模仿照着画就越画越像，之后学校的家庭联络簿也成为我创作的画本。俗话说"戏台下站久就是你的了"，那时候举凡校内校外有画画比赛，老师第一个想到的就是我。还记得第一次得奖是幼儿园大班那年，我参加乡公所举办的乡土绘画比赛被评为佳作，老师把奖状跟奖品"面包"颁给我后，立刻转身想马上跑回家跟爸妈炫耀但被老师拉回来的那份雀跃，在三十几年后的今天依旧记忆深刻。此后，我就乐得到处去参加画画比赛，因为不管得不得名次，至少会有蜡笔或彩色笔之类的安慰奖品。

我想淇淇应该是遗传了硬汉热爱绘画的基因，打从一岁会握笔开始，她就十分喜欢涂鸦，虽然每张图都是乱画一通的简单线条，但她总是能说出是在画动物还是植物。这段时间，我都是在一旁看她随性地乱画，随着手部肌肉越来越发达，画的东西也越来越像样。我常觉得淇淇那些没有章法的涂鸦，仿佛就是我们夫妻的情绪净化机一样，可以帮我们过滤白天工作时受的委屈。除了蜡笔纸本，我也装设了可以画画的触控屏幕，有时我会握着女儿的手，慢慢教她画老虎或奶牛。当动物的模样在手下慢慢成形，耳边听着女儿天真的欢呼，虽然是很简单的互动，却是我最快乐的时光。

淇淇三岁五个月又二十九天的涂鸦，画完还要我猜猜是什么，当下我回答"水母"，没想到淇淇说是"电视"，赶快帮她记录下来。

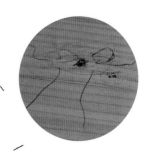

画画时的女儿永远堆满笑容。

随着淇淇越来越大，担心的事情终于发生了，因为我们只有一个孩子，保姆当时也只带她一个，淇淇几乎没有同龄的玩伴，我们发现淇淇个性变得十分压抑，再多的画画工具也激不起她的兴趣。于是我们开始分工合作寻求其他方法和渠道让她压抑的情绪可以释放。老婆的方法是参加"大金刚涂鸦课程"，效果如老师所说——借由没有拘束的绘画涂鸦与触摸手作来发泄，在五彩缤纷的自由创作中，释放小孩心里的压抑，看着淇淇从缩在一角内向害羞，转变成活泼大方跟老师热烈互动，平时没缘由突然暴怒的情形也改善很多。硬汉的方法则是开始亲手制作一大堆的木作玩具，借由让淇淇看到我帮她做玩具的过程，以及偶尔让她参与简单的互动，让家中不再无聊，淇淇的个性渐渐变得活泼开朗起来，经常灵感一来，就在我费尽心思帮她打造的玩具上作画，刚开始硬汉还会制止她，之后突然觉悟到，有了淇淇的涂鸦我做的那些玩具才算有了生命与回忆，现在非但不会制止，反倒还会鼓励她多画一些，而且还会细问淇淇画的是什么，连同日期一并记在一旁，也算是稍微抓住淇淇飞快成长的步伐。

凡事都有正反两面，自从淇淇变得活泼开朗后，个性也变得有些不拘小节，以前画完画会收好的蜡笔开始四散在家中各处，问她为什么这么不爱惜用具，淇淇的回答也挺妙的："蜡笔说它们颜色这么漂亮，要到处给大家看啊！躲在盒子里就没人看了……"有些家长可能会用"不收好我就全部丢掉"的方法来威胁小孩，其实不需要，只要简单做个"孔雀开屏蜡笔架"，转个弯也可以让小孩乖乖就范，既能展示蜡笔的色彩也能达到收纳的效果。

将蜡笔全插到孔雀开屏蜡笔架上，以后蜡笔就不会东丢一支、西丢一把了！

孔雀开屏蜡笔架结构图

孔雀身体部件（前板）

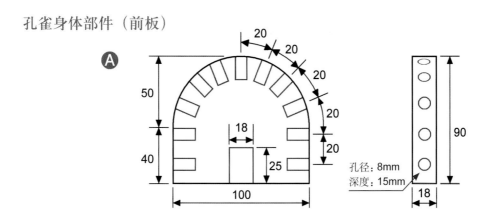

孔径：8mm
深度：15mm

孔雀身体部件（后板）

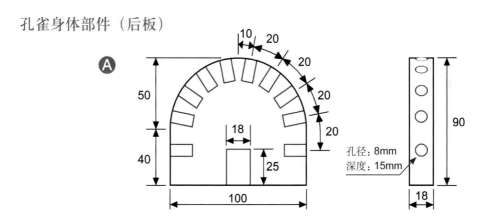

孔径：8mm
深度：15mm

[注] 蜡笔插孔的孔径可依蜡笔的宽度自行调整。

孔雀正面部件   尾巴部件

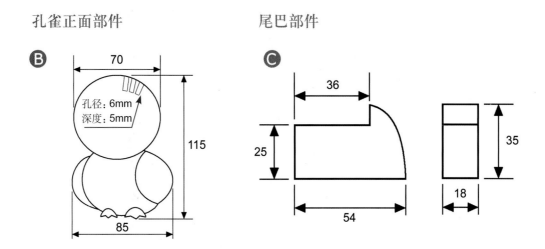

孔径：6mm
深度：5mm

料件代号	材料名称 + 规格	用量	备注
Ⓐ	木板 100mm（长）×90 mm（宽）×18mm（厚）	2	
Ⓑ	木板 115mm（长）×85mm（宽）×18mm（厚）	1	
Ⓒ	木板 54mm（长）×35mm（宽）×18mm（厚）	1	
无	木钉 30mm（长）×6mm（直径）	3	

＊所有材料可在建材店、DIY 卖场及网络购得。

✦ 使用工具：线锯机、电钻（6mm/8mm 钻头）、平凿刀、磨砂机
✦ 使用物件或五金零件：

木钉

🪓 制作步骤

1 在两片木板Ⓐ上画出孔雀身体要裁切的线段。

2 使用线锯机沿画线锯开。进刀时如果发现线锯锯片外偏，可以准备一块三角形木块，一手由外侧向内轻轻顶住锯刃，另一手紧握要裁切的木板，以免被锯片推移位置。

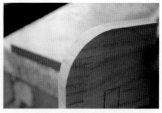

3 待锯片不偏之后，就可以两手一起固定木板，顺势进刀，便能锯出漂亮的弧线。依同样方法锯掉另一侧及底部冂字形的两侧。

4 底部ㄇ字形的顶部，要拿凿刀用铁锤凿断，凿的时候两侧要用木块顶住，以免伤到凿刀片及桌面。再重复步骤 **2~4**，做第二片孔雀身体。

5 在加工好的木板Ⓐ上挤适量木工胶。

6 用刮片将木工胶均匀刮开。

7 将两片木板Ⓐ粘合，上面放置重物加压，静置两小时。

8 将两片木板Ⓐ粘合的孔雀身体部件打磨光滑。

9 使用软尺（特力屋与 IKEA 可免费索取）在两片木板Ⓐ的侧边画出中央线。

10 先在两片木板Ⓐ两侧底部量出中间点（红色箭头处）共四点，接着在圆弧顶端也量出中间点（绿色箭头处）共两点，用软尺连接每片木板两侧与顶端三点，就能画出两片木板Ⓐ的中央线。

11 先选一条侧面中央线，从圆弧顶端往两侧，每间隔 2cm 标注一点。

12 另一条侧面中央线用同样方式做标记，画的时候要与 **11** 的中央线标注点错开 1cm，才会有交叉排列的效果。

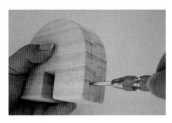

13 用中心冲压击每个标注点。

14 测量蜡笔直径，一般蜡笔的直径约为 7.5mm。

15 选用 8mm 直径的钻头，用胶带在钻头 15mm 处贴一圈注记。

16 在中心冲压点的位置，依序垂直钻出深 15mm 的封闭孔。

17 用一块木板画出孔雀正面部件❸及尾巴部件❸。

18 用线锯机锯下孔雀正面部件❸及尾巴部件❸。

19 将尾巴部件❸打磨光滑。

20 如图，将尾巴部件❸的红色区域上木工胶。

21 将尾巴部件❸装入孔雀身体部件下方 ⊓ 形开孔。

22 两部件结合完成图。

23 测量木钉的直径约 6.1mm。

24 在孔雀正面部件❸钻 3 个宽 6mm、深 5mm 的封闭孔。

25 将孔雀正面部件❸打磨光滑。

26 在孔雀正面部件❸背面挤适量木工胶。

27 用刮片将木工胶均匀刮开后，底部切平整水平置中与孔雀身体部件粘合。

28 取三支木钉，用铁锤钉入孔雀
正面部件**B**上的三个圆孔。

29 依个人喜好上色。

30 再上亮光漆即完成。

木工小教室

让做木工更方便的"木工胶"

虽然用钉子固定会比较牢固，但有些木构件体积较小，粘也可以十分牢固，还可以维持
木头表面平整。一般粘接木作大多使用工业树脂（俗称白胶），如果是要帮小孩制作玩具，
可以考虑使用安全无毒的"太棒 II 木工胶"（Titebond II Premium Wood Glue）。其优点有：

1. 无毒且不含任何有机溶剂，通过 FDA 美国食品药物管理局之合格证明。

2. 冷压时间短硬化快速，短时间即可产生初期胶合力。

3. 防水、耐热及耐气候变化的特性使品质更有保障。

4. 胶膜可着色及涂装，不含甲醛之类刺激味，符合欧洲 E1 环保标准。

5. 易使用、易刷涂、易用水清洗，使用时不需特殊工具。

6. 放置三十分至两小时后，即可手工加工。

不莱梅的音乐家积木

难度 ☆☆☆☆☆

制作时间　入门 6～8hr

　　　　　熟练 4～6hr

将童话中的动物们想象成简单的几何形状，
是能激发小孩无限创意的可爱木作。

淇淇对照着《不莱梅的音乐家》故事绘本，
将驴子、小狗、小猫、公鸡排列成黄金阵形！

50

德国是硬汉最喜欢的国家，自从二〇〇二年因工作到德国出差，其后九年内共去了九次，每回待上一至三个月不等，虽然初次造访的感觉不太好，后来却发觉德国优点还蛮多的，如人民守法治安好、古迹众多风景佳、环境整洁交通便利……多不胜数。至于缺点我觉得只有两个：就是旅游花费高和距离遥远。每次总要省吃俭用一两年才能出游，搭飞机单程就要十几个小时，虽然如此，德国依然是硬汉度假最想去的国家。婚前和老婆第一次出国就是去德国自助旅游，婚后蜜月及淇淇出生后第一次的全家旅游，也都是选择去德国。德国面积约是台湾的十倍，人文史迹、地貌景色还算多元，加上相邻国家众多、交通方便，去一次德国可以顺道多安排几天去邻近国家看看。

第一次和老婆出游，主要是以东南部的慕尼黑为据点，做方圆两小时车程内的深度旅游，顺道还前往奥地利的"真善美"名城——萨尔茨堡，后半段行程则转移到海德堡周边，在小巷中穿梭找寻闻名的"情人之吻"巧克力，还搭车前往法国边境的世界文化遗产——史特拉斯堡。蜜月旅行则是以科布伦茨为据点，同样进行方圆两小时车程可达景点的深度旅游，足迹踏遍莱茵河与摩泽尔河各沿河小镇，每到一座小镇就先找酒庄或餐厅畅饮当地出产的葡萄佳酿，趁地利之便还前往卢森堡一日游。第三次则是带着刚满一岁半的女儿，我们以西南部的弗莱堡为据点，把黑森林内的各个朴实小镇走了一圈，精美的咕咕钟把玩了不少，瑞士的名城如伯尔尼、卢塞恩、苏黎世也都没放过。硬汉和老婆很喜欢这种选定一座中心城市，做周边景点放射性旅游的方式，好处是不用频频收拾行李换旅馆，一天可以安排一到两个景点慢慢玩，累了就回饭店睡午觉，轻松惬意地旅游。

德国的精彩就算用千言万语也不足以形容，如果时间有限，硬汉会推荐德国一定要亲身去观看与体验的五种东西，分别是：悠闲、美酒、浪漫、欢乐与童话。

悠闲——在德国最悠闲的事，就是从慕尼黑搭慢车欣赏沿途田园美景，抵达富森后沿着人车分道的乡间小路，漫步前往由疯狂国王路德维希二世下令兴建的新天

"新天鹅堡"是德国人气最高的梦幻城堡。

从吕德斯海姆搭缆车上山，沿途是一大片的葡萄园。

鹅堡，这座连华特·迪士尼都来取经借镜的梦幻城堡很值得一看。

美酒——说到美酒就不得不提到莱茵兰·普法尔茨州盛产的白葡萄酒了，如果时间有限，就前往莱茵河畔的吕德斯海姆，饱尝美酒美食之后，还可以搭缆车上后山一睹莱茵河的美景。如果时间足够，建议前往摩泽尔河畔的科赫姆，体验不同的酒镇风情。

浪漫——记得硬汉买的第一本德国旅游书上这么写着："若说哪个城市足以展现德国式的浪漫，大概非海德堡莫属了。"走在海德堡古朴的旧城区，自然而然能感受到古典浪漫的迷人氛围，颓圮的雄伟古堡、精致大气的砖桥、数百年的学术殿堂，歌德、雨果等文豪雅士纷纷来此，用诗歌歌颂属于海德堡的浪漫。

欢乐——一般提到德国人的刻板印象就是古板、严谨，不过有两段时间这两种特质会暂时消失不见，一个是慕尼黑的"十月啤酒节"，一个则是约在十二月初开始的"圣诞市集"。每个城市在圣诞节前几乎都会有圣诞市集，入夜后的市集灯火通明，各式卖着热食、甜点、热酒品的小贩及专给小孩们玩的游戏摊子，让隆冬夜晚沉浸在欢乐与笑声之中。

童话——德国最让硬汉着迷的就是"童话之路"，多个城镇连结成约六百公里长的路线，就是格林兄弟从出生到完成《格林童话》的人生轨迹，一些城堡与小镇甚至就是我们从小就耳熟能详的童话如《灰姑娘》《白雪公主》《小红帽》《不莱梅乐队》《穿靴子的猫》《青蛙王子》《睡美人》的发源地。

德国的五大迷人特质，最吸引硬汉的就是童话了。记得小学一年级的时候，忘了是谁送我《格林童话》的录音带，只要在家我就会一直放来听，结果有一天录音

不莱梅的音乐家已经是不莱梅的精神象征。

海德堡旧城区的砖桥上，应该上演过不少幕学生情人间的浪漫故事，女儿未来如果要来此读书，硬汉肯定得跟着一起来才行。

圣诞市集有吃又有玩，每个小孩子都乐不可支。

带卡在录音机中乱成一团，录音带也报销了。虽然没了录音带，但每个童话我早已能倒背如流，印象最深的就是《不莱梅的音乐家》，因为我跟它们"近距离接触过"。当时乡下爷爷家养了很多动物，除了驴子，其他三种动物都有，非常有冒险精神的硬汉抱住猫想放到狗的背上，没想到人都还没靠近，狗就扑了上来，当下猫也乱窜，情况一整个混乱，混乱中手臂不但被猫抓伤，肚子也被狗误咬了一口，当下也不敢再去抓公鸡放猫背上了。二十几年后的某一天，硬汉到德国的汉诺威参加"Cebit信息展"，行前研究地图发现不莱梅就在不远处，令我欣喜若狂，说什么也要拨空去朝圣一番，当看到矗立在市政厅旁的不莱梅的音乐家铜像时，硬汉高兴地扑上去抱了好一会儿，一圆童年的美梦。

有一天，硬汉看到淇淇兴致勃勃地看着《不莱梅的音乐家》童话绘本，本想跟她诉说爸爸这段与它们的结缘经历，后来想想，还是让她去探索属于自己的不莱梅的音乐家故事吧！硬汉现在能做的就是先做一组"不莱梅的音乐家的积木"给她，或许将来有一天，再带她去不莱梅摸一摸真的不莱梅的音乐家铜像。

不莱梅的音乐家积木结构图

"驴子"结构图

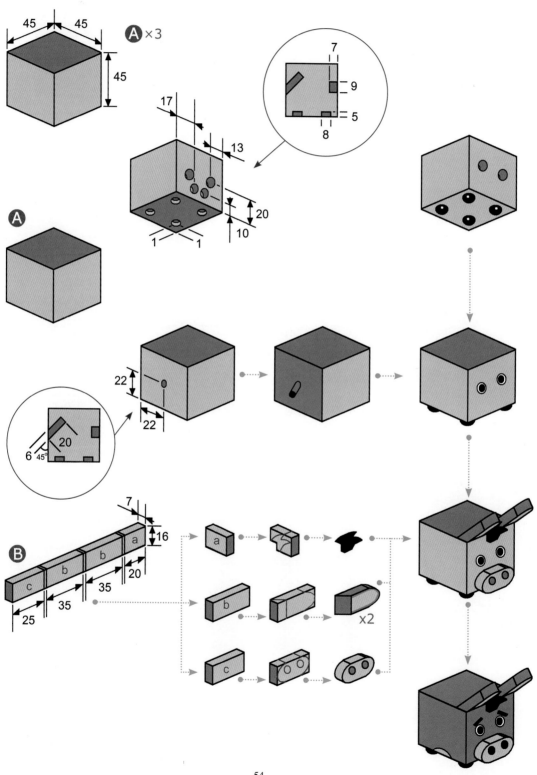

小狗结构图

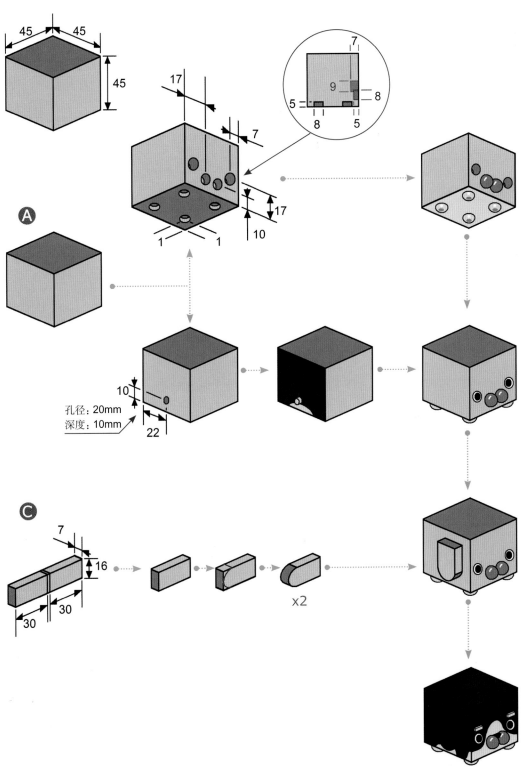

孔径：20mm
深度：10mm

x2

小猫结构图

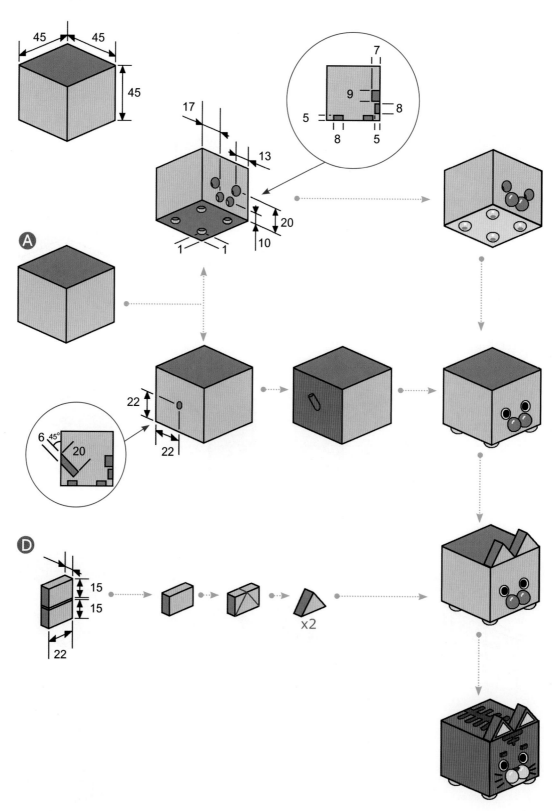

45 45 45

17 13

7
9 8
5 8
8 5

20 10
1 1

A

22 22

6 45°
20

D
15 15
22

x2

56

公鸡结构图

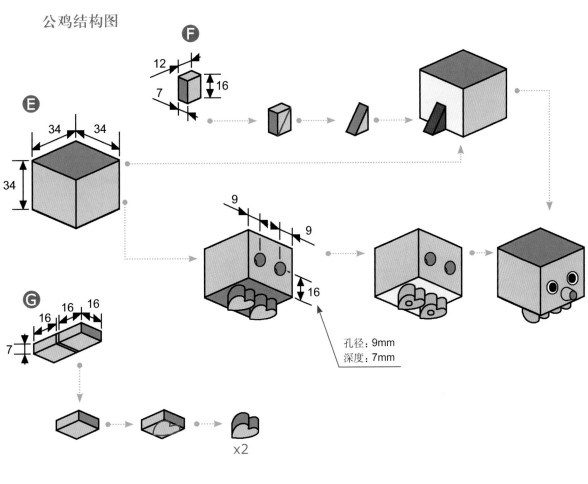

孔径：9mm
深度：7mm

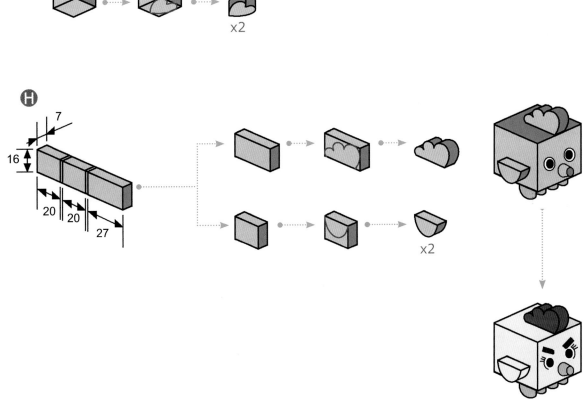

✂ 料件清单

料件代号	材料名称 ＋ 规格	用量	备 注
Ⓐ	木块 45mm（长）× 45 mm（宽）× 45 mm（厚）	3	驴子 / 小狗 / 小猫的身体
Ⓑ	木片 130mm（长）× 16mm（宽）× 7 mm（厚）	1	裁成四片：驴子耳朵、鼻子、头发
Ⓒ	木片 70mm（长）× 16 mm（宽）× 7 mm（厚）	1	裁成两片：小狗耳朵
Ⓓ	木片 40mm（长）× 22 mm（宽）× 7 mm（厚）	1	裁成两片：小猫耳朵
Ⓔ	木块 34mm（长）× 34 mm（宽）× 34 mm（厚）	1	公鸡身体
Ⓕ	木片 16mm（长）× 12 mm（宽）× 7 mm（厚）	1	公鸡尾巴
Ⓖ	木片 40mm（长）× 16 mm（宽）× 7 mm（厚）	1	裁成两片：公鸡爪子
Ⓗ	木片 80mm（长）× 16 mm（宽）× 7 mm（厚）	1	裁成三片：公鸡鸡冠、翅膀
无	木塞	9	各动物眼睛 ×2（共 8 个）、公鸡鸡喙 ×1
无	木钉 30 mm(长)× 6 mm（直径）	8~10	各动物眼珠、驴子 / 小狗 / 小猫 尾巴、驴子鼻孔、公鸡爪子支撑
无	香菇形木塞（8mm）	16	驴子 / 小狗 / 小猫 四肢 ×4(共 12 个)、小狗 / 小猫上嘴唇 ×2（共 4 个）

❖ 使用工具：线锯机、电钻（6mm/8mm/9mm 钻头）、锤子、磨砂机
❖ 使用物件或五金零件：

木塞　　　　　　香菇形木塞　　　　　　木钉

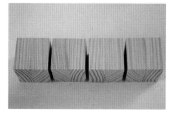

1 裁切做驴子、小狗、小猫身体部位所需的木块 Ⓐ。可以多裁一块作为耗损时的备用。

2 从木片 Ⓑ 上裁切下鼻子部件。

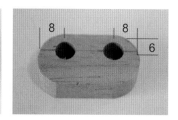

3 在鼻子部件上用 6mm 钻头钻两个穿破孔。

4 将鼻子部件放在木块 Ⓐ 上，用 6mm 钻头穿过鼻子部件在身体部件上钻两个深约 10mm 的封闭孔。

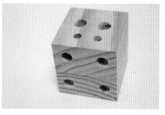

5 在木块 Ⓐ 驴子身体底面钻四个 8mm 的封闭孔，正面再钻两个 9mm 的封闭孔。

6 将两颗木塞放入木块 Ⓐ 正面 9mm 的圆孔内。

7 在木塞中心用 6mm 钻头钻出深 5mm 的封闭孔。

8 用线锯机将直径 6mm 的木钉锯下两颗厚约 3～5mm 的圆木粒。

9 将步骤 8 锯下的圆木粒装入木塞上圆孔，往下压与木块 Ⓐ 正面同高。

10 在木块 Ⓐ 小狗身体背面中心钻一个向下 45 度的封闭孔。

11 将一支木钉尖端蘸木工胶，装入 45 度圆封闭孔，当作驴子尾巴。

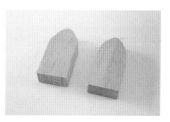

12 从木片 Ⓑ 上裁切下两片耳朵部件。

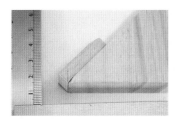

13 在耳朵部件侧面画出 45 度斜线。

14 底面画条连接 45 度斜线的直线。

15 用锯子沿耳朵部件 45 度斜线锯开。

16 将耳朵部件与鼻子部件打磨光滑。耳朵部件的 45 度斜面不须打磨，鼻子部件只须打磨向外一面即可。

17 将木片 **B** 剩余的部位裁切出头发部件，并打磨光滑。

18 取一支木钉从中锯开。

19 将步骤 **18** 对切好的两节 15mm 木钉装入鼻子部件将木钉的平面往下压与鼻子部件齐平。

20 在鼻子部件背面抹上木工胶。

21 在木块 **A** 正面两个圆孔内挤入些许木工胶。

22 将鼻子部件与头发部件粘在木块 **A** 的正面与上方。

23 在木块 **A** 底面四个圆孔内挤入些许木工胶。

24 将四颗香菇形木塞装入木块 **A** 底面四个圆孔内。

25 在两片耳朵部件45度角平面抹上木工胶。

26 将耳朵部件粘在木块 Ⓐ 上方头发部件的两侧。

27 可依个人喜好,在木块 Ⓐ 正面眼睛上方粘两小段长10mm、宽约2mm、厚2mm的小段木条,增加表情丰富度。

🔨 "小狗" 制作步骤

28 在木块 Ⓐ 小狗身体底面钻四个8mm的封闭孔,正面钻两个9mm封闭孔(装木塞当眼睛)与两个8mm封闭孔(装香菇形木塞当上嘴唇)。

29 在木块 Ⓐ 小狗身体背面中下方钻一个直径6mm、深10mm的封闭孔。

30 将木块 Ⓐ 各棱角、锐边、粗糙面打磨光滑。

31 在木片 Ⓒ 上描绘两片小狗耳朵。

32 用线锯机锯下小狗的耳朵部件。

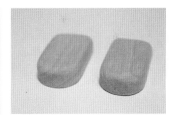

33 将耳朵部件的朝上面打磨光滑。

34 将两颗木塞放入木块 Ⓐ 正面9mm的圆孔内,在木塞中心用6mm钻头钻出深5mm的封闭孔。

35 用线锯机将直径6mm的木钉锯下两颗厚约3～5mm的圆木粒。

36 将步骤35锯下的圆木粒装入木塞上的圆孔。

37 将眼睛部件往下压与木块 Ⓐ 正面齐高。

38 在木块 Ⓐ 正面两个圆孔内挤入些许木工胶。

39 将两颗香菇形木塞装入木块 Ⓐ 正面 8mm 的圆孔。

40 在木块 Ⓐ 底面四个圆孔内挤入些许木工胶，将四颗香菇形木塞装入木块 Ⓐ 底面的四个圆孔内。

41 将步骤 35 裁切剩下长约 15mm 的木钉打磨光滑。

42 将步骤 41 打磨光滑的木钉平面蘸上一些木工胶，装入木块 Ⓐ 背面圆孔当作尾巴。

43 在两片耳朵部件背面抹上木工胶。

44 将耳朵部件粘在小狗身体侧面距离正面 8mm、上下垂直置中的位置。

45 利用夹子将狗耳朵夹紧，放置两小时。

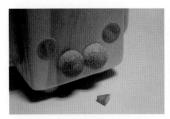

46 切一小块三角形木片做成鼻子部件。

47 将鼻子部件蘸木工胶粘在如图位置。

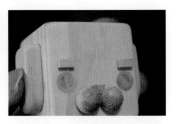

48 可依个人喜好，在木块 Ⓐ 正面眼睛上方粘两小段长 7mm、宽约 3mm、厚 2mm 的小段木条，增加表情丰富度。

49 在木块 Ⓐ 小猫身体底面钻四个 8mm 的封闭孔，正面钻两个 9mm 封闭孔（装木塞当眼睛）与两个 8mm 的封闭孔（装香菇形木塞当上嘴唇）。

50 在木块 Ⓐ 小猫身体背面中心钻一个向下 45 度的封闭孔。

51 将木块 Ⓐ 各棱角、锐边、粗糙面打磨光滑。

52 在木片 Ⓓ 上描绘两片小猫耳朵。

53 用线锯机锯下小猫的耳朵部件。

54 将耳朵部件的朝上面打磨光滑。

55 依照步骤 **34 ～ 39** 小狗眼睛部件与上嘴唇部件的加工方式，装上小猫的眼睛和上嘴唇。

56 在木块 Ⓐ 底面四个圆孔内挤入些许木工胶，将四颗香菇形木塞装入木块 Ⓐ 底面四个圆孔内。

57 将一支木钉尖端蘸木工胶，装入 45 度圆封闭孔当作小猫尾巴。

58 将耳朵部件粘在木块 Ⓐ 上方，接近正面棱线边缘。

59 依照步骤 **46** 切一小块三角形木片做成鼻子部件，并蘸木工胶粘在如图的位置。

60 可依个人喜好，在木块 Ⓐ 正面眼睛上方粘两小段长 5mm、宽约 3mm、厚 2mm 的小段木条，增加表情丰富度。

  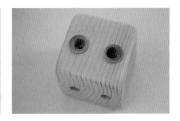

61 在木块 **E** "公鸡身体"底面钻两个 6mm 封闭孔，正面钻两个 9mm 封闭孔（装木塞当眼睛）。

62 将两颗木塞放入木块 **E** 正面 9mm 的圆孔内。

63 在木塞中心用 6mm 钻头钻出深 5mm 的封闭孔。

64 用线锯机将直径 6mm 的木钉锯下两颗厚约 3～5mm 的圆木粒。

65 将步骤 **64** 锯下的圆木粒装入木塞上圆孔，将眼睛部件往下压与木块 **A** 正面齐高。

66 将木片 **F**、**G**、**H** 上描绘一个鸡冠、一条尾巴、两只翅膀和两只爪子，用线锯机锯下。

67 取一支木钉从中锯开。

68 在爪子部件中心钻一个 6mm 的穿破孔，并在孔内点上一些木工胶。

69 将步骤 **67** 对切好的两节 15mm 木钉装入爪子部件。

70 在木块 **E** 底面两个圆孔内挤入些许木工胶。

71 将步骤 **69** 加工好的半成品爪子部件装入底部圆孔。

72 将爪子部件如图压平紧贴木块 **E** 底面。

73　将另一个爪子部件也装入木块 **E** 底面。

74　将一颗木塞蘸木工胶，粘在身体正面，当成鸡喙。

75　将鸡冠部件蘸木工胶，粘在身体上方。

76　将两块翅膀部件蘸木工胶，粘在身体侧面。

77　将尾巴部件蘸木工胶，粘在身体背面。

78　可依个人喜好，在木块 **E** 正面眼睛上方粘两小段长 7mm、宽约 2mm、厚 2mm 的小段木条，增加表情丰富度。

🪓 上色收尾

79　将做好的动物再静置一日，让木工胶完全风干。

80　依个人喜好将每只动物上色（正面）。

81　依个人喜好将每只动物上色（背面）。

82　最后上亮光漆保护即完成。

动物拼图架

画上孩子喜欢的动物造型，做成拼图或动物模型；
不玩时，还能当成平板电脑支撑架的简单木作。

难度 ★★★★☆

制作时间　入门 5～7hr
　　　　　熟练 3～4hr

将动物拼图片取下，就能当
作平板电脑的支撑架使用。

淇淇是个很胆小的女孩，不但婴儿时期好几次被自己的放屁声吓哭，保姆说起有回打雷，同时照顾的三岁小女孩先哭着跑出房间求救，隔几秒换淇淇哭着爬出房间求救，那模样真是滑稽可爱。至于滑梯、秋千、跷跷板等公园常见的儿童游乐设施，淇淇没有一样敢玩，她宁可一个人在一旁安静地捡树叶、排树叶，就连我亲手做的秋千也不赏脸试玩一下。

一岁半时，我们带她去高雄义大世界玩，连最温和的旋转木马一坐上去只绕一圈就哭着要下来；硬汉不死心，隔月又带她去花莲远雄海洋公园练胆量，游乐园里头有一排小孩都爱的投币式电动摇摇机，把她骗上去后，淇淇在摆动的摇摇机上手足无措，没过几秒就哭闹着要下来。经过两次失败后，只好跟老婆自我安慰：淇淇个性这么"小心谨慎"也好，至少不用太担心她会容易受伤。

摸清楚淇淇胆小不喜冒险的个性后，我们就改带她去静态的木栅动物园，淇淇果然就此迷上。之后她情绪低落不易安抚时，硬汉一施展出"这礼拜放假带你去逛动物园"的大绝招，百分之百可以当场将她收拾得服服帖帖。正因为淇淇对动物如此的喜爱，硬汉一家出游都会尽量安排有动物的地方，例如新竹的绿世界、六福村及屏东的海生馆等，就连出国旅游首要考虑的，也从名胜美景变成有无动物园。现在看到之前的旅游照片，每当想起淇淇看到北极熊时的惊呼，或是学企鹅的可爱模样走路，就会觉得这些有趣的记忆都将是我们夫妻最珍贵的收藏。

因为动物在女儿心中占有举足轻重的分量，我们经常运用动物的特征来做教育的示范，例如，如果你不乖乖吃饭，就会像小猴子一样瘦巴巴的；或是晚上不早点睡，就会变成熊猫有黑眼圈……

屏东海生馆里的大水族箱让淇淇惊呼连连。

新竹绿世界里有让淇淇又怕又想靠近的人气鹈鹕。

这个集合多种动物的动物拼图架，运用了孔雀开屏蜡笔架的线锯机操作技巧，将木材改成更大面积的板材，还能稳定练习裁切曲线与圆弧线。制作时，不妨加入有趣的亲子互动吧！先将木板交给孩子，让他们画出自己喜爱的动物，接着用线条区隔开，再由大人用线锯机沿着线条锯开，一只只小动物就自然成形。画区隔线条时，注意圆弧要缓和一些，才不会无法下锯甚或折断锯刃。拼图架后面再加上相框式的脚架支撑，平时也能放置平板电脑。

木栅动物园里的熊猫是淇淇的最爱。

动物拼图架结构图

拼图片部件结构图

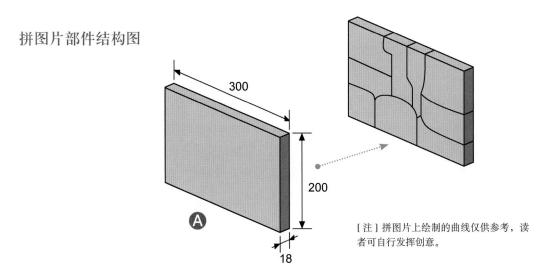

[注] 拼图片上绘制的曲线仅供参考，读者可自行发挥创意。

拼图架部件结构图

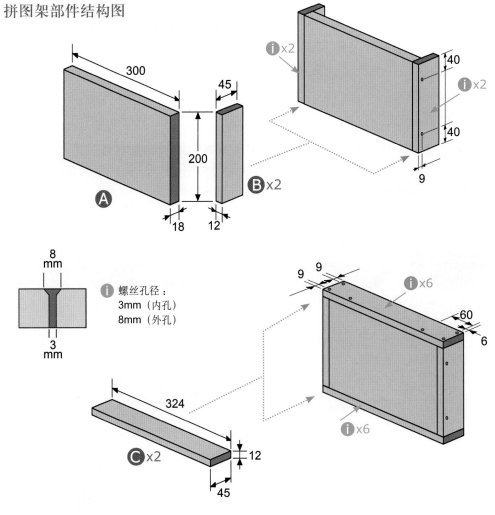

螺丝孔径：
3mm（内孔）
8mm（外孔）

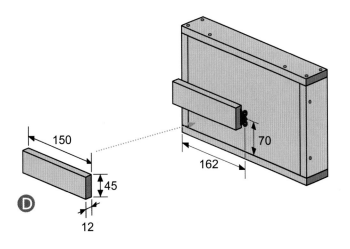

料件清单

料件代号	材料名称 ＋ 规格	用量	备 注
Ⓐ	木板 300 mm（长）×200 mm（宽）×18 mm（厚）	2	
Ⓑ	短边条 200 mm（长）×45 mm（宽）×12 mm（厚）	2	
Ⓒ	长边条 324mm（长）×45 mm（宽）×12 mm（厚）	2	
Ⓓ	木条 150mm（长）×45 mm（宽）×12 mm（厚）	1	
无	蝴蝶后钮	1	
无	32mm 平头螺丝	16	
无	12mm 平头螺丝	4	

❖ 使用工具：线锯机、电钻（3mm / 8mm 钻头）、十字起子、磨砂机
❖ 使用物件或五金零件：

蝴蝶后钮

32mm 平头螺丝

12mm 平头螺丝

🪓 动物拼图片制作步骤

1 在木板 Ⓐ 上先画出曲线区块。

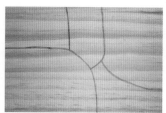

2 曲线不要太弯，接合角度不要太锐，以免线锯机锯片无法进刀甚至折断。

3 使用线锯机沿木板 Ⓐ 上绘制的曲线锯开。

4 锯的时候可以分阶段处理，先锯成大区块。

5 接着把小区块都锯开。

6 将每块拼图片都打磨光滑。棱角及边缘粗糙的部分都要磨掉。

7 拼图片都打磨光滑完成图。

8 在拼图片上用铅笔绘制动物草图。

9 将动物上色后，静置一日，再上一层亮光漆做保护。

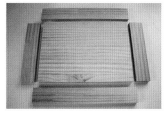

10 裁切拼图架所需的木板 Ⓐ 及短边条 Ⓑ 两条、长边条 Ⓒ 两条。

11 使用电钻将两条短边条 Ⓑ 及两条长边条 Ⓒ 加工钻出固定螺丝的穿破孔（位置见拼图架部件结构图）。

12 将短边条 Ⓑ 上木工胶，粘于木板 Ⓐ 的短边。

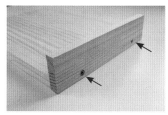
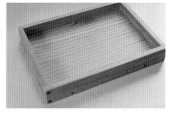

13 使用两根 32mm 平头螺丝，将短边条 Ⓑ 固定在木板 Ⓐ 上。重复步骤 **12~13** 将另一条短边条 Ⓑ 也固定在木板 Ⓐ 另一侧。

14 依照固定短边条 Ⓑ 的步骤，每边各用六根 32mm 平头螺丝，将长边条 Ⓒ 固定在木板 Ⓐ 上。

15 将拼图架框的所有棱角打磨光滑。

16 拼图架框上涂抹一层蜂蜡做保护。

17 裁切一块木条 Ⓓ，将棱角打磨光滑后，再涂抹一层蜂蜡。

18 将蝴蝶后钮放上木条 Ⓓ 的短侧边，用铅笔在开孔的中心点做标记。

19 用两根 12mm 平头螺丝，将蝴蝶后钮固定在木条 Ⓓ 上。

20 将木条 Ⓓ 横放在拼图架背面，蝴蝶后钮中央尖点距离底部 70mm，螺丝孔对准水平置中处，用铅笔在开孔的中心点做标记。

21 用中心冲压击两个铅笔的标注点。

22 用两根 12mm 平头螺丝，将木条 **D** 固定在拼图架背面，就是拼图架的支撑架。

23 将彩色动物拼图片放入拼图架，正面完成图。

24 将支撑架扳开，就能立起拼图架，反面完成图。

木工小教室

最简单的木工接合技巧：对接法

对接法是木工技巧中最简单、最直接、最少粉屑产生且最容易快速掌握的技巧。顾名思义，就是将两个木构件对准后直接固定，固定的方式可以用木工胶粘合、铁钉钉合、螺丝锁合，或内侧用木钉做隐藏式接合。

两个木构件对接时，如果是桌椅等需载重的木作，横向板要跨放在侧向板之上（如右下图），如此可以借由侧向板的支撑力，让接合的两木构件支撑效果最强。

彩色小火车

无论男孩或女孩都会喜欢的小火车，
车厢还能当成收纳玩具或文具的可爱摆饰。

难度　☆☆☆☆☆
制作时间　入门 12~14hr
　　　　　熟练 7~9hr

记得小时候，除了画画，最爱的就是坐火车了。坐在火车上看沿途景色飞快转变，趴在车窗上享受那种勇往直前、飞快奔驰的感觉真是太舒服了。因为父母年轻时从云林上台北白手起家打拼事业，所以每逢过年过节，我们一家就须仰赖火车回乡，虽然没有看过爷爷在火车站买橘子送爸爸远行的感人场景，但一家人铺报纸垫在车厢过道席地而坐的克难记忆，却仿佛昨日。有一年过节，因为家中没什么钱，爸妈就留在台北忙着打拼赚钱，刚上初中的哥哥就带着小学二年级的硬汉搭上每站都停的普通车，花了一整天的时间才回到云林老家，还记得那天中午，有人在车厢吃起香喷喷的铁路便当，流着口水的硬汉就跟哥哥要求也买一个当午餐，没想到哥哥却从背包拿出两个早上买的冷饭团，当时我就下定决心，一定要在火车上吃到美味的铁路便当。

去北海道富良野观赏薰衣草花海的单节小列车。

德国慕尼黑车站的 ICE 高铁列车。

淇淇也和我一样很喜欢坐火车，汽车、飞机、渡船等这些交通工具，只要乘坐超过两个小时，她就会耐不住性子，唯独搭火车就十分安分。唯一和我不同的地方，就是搭火车时只要用餐时间肚子饿，我就会买香喷喷的铁路便当给她吃。正因为我们父女俩都喜欢坐火车，所以不管是国内或国外旅游，我们都会尽量安排火车旅游的行程。还记得几年前的一个乐透彩广告，内容是一对搭火车的父子，儿子沿途看到鸡、砂石车、寺庙脱口喊出来，一旁的爸爸接着问："喜欢吗？"当儿子回答"喜欢"后，父亲就豪气地补上一句："爸爸买给你。"这个广告让硬汉掏出不少血汗钱买彩券，因为当年还没结婚生子（俗话说男人在"娶妻前，生子后"运气最旺），就算把彩券拿去拜妈祖天后与财神，也就都难逃通通赌输的命运。淇淇过两岁半后的某一天，突然开口跟我说她喜欢火车，虽然硬汉没中乐透可以买列真的火车给她，但用锯子、铁锤做一列小火车还难不倒我，立刻就买齐材料钉了一列"木作托马斯小火车"，淇淇收到木头火车的那天，乐得在客厅滑来滑去的模样真是可爱，当晚甚至还想把火车搬上床抱着一起睡，让我颇为得意也格外有成就感！

制作大型的木作小火车对初学者来说可能有些难度，不妨将尺寸缩小，先完成让小朋友能一手操控的迷你"玩具小火车"，使用简单工具及钻孔专用锯头，就能打造出一列不管男孩女孩都喜欢的玩具火车，再装上小时钟，不玩的时候，可以放在书桌上当摆设，让小孩建立时间观念，小火车车厢还能用来放置小玩具或文具，或是另外加些创意，做个笔筒车厢或是胶台车厢也很好喔！

硬汉亲手打造的木作托马斯小火车。

彩色小火车结构图

车轮部件结构图

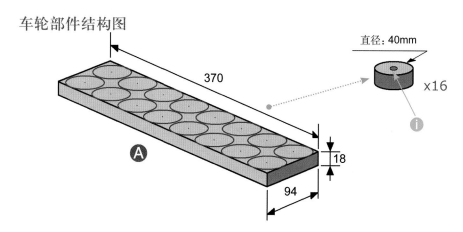

直径：40mm

x16

370

94

18

A

i

火车头部件结构图

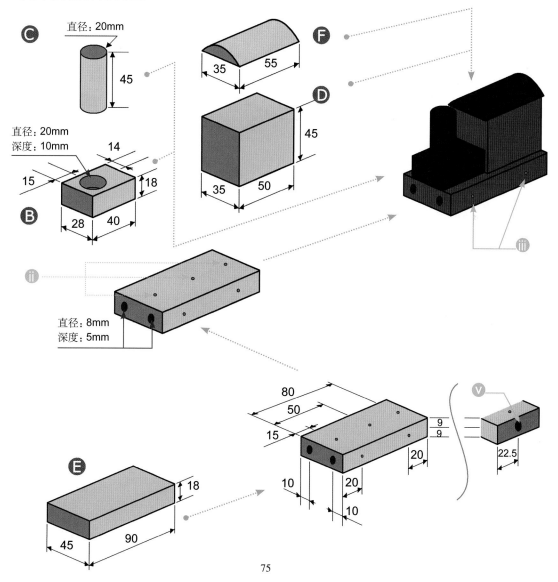

C 直径：20mm

45

F

35   55

D

45

35   50

直径：20mm
深度：10mm

14

15

18

B

28   40

直径：8mm
深度：5mm

ii

80

50

15

9
9

20

22.5

V

E

18

45   90

10

20

20

10

时钟车厢部件结构图

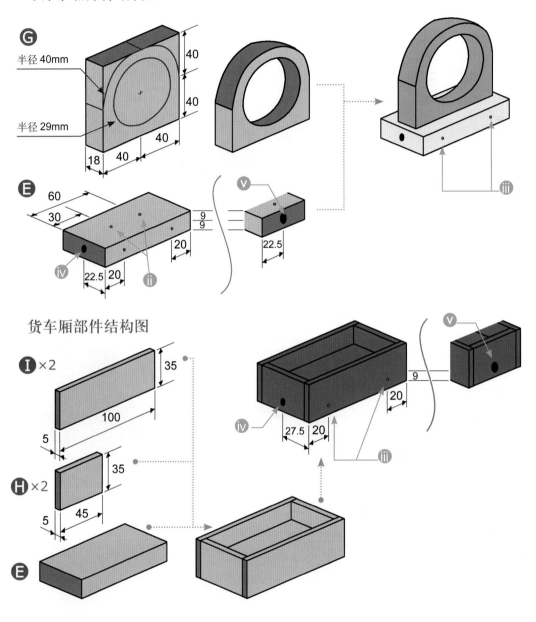

货车厢部件结构图

螺丝孔径批注

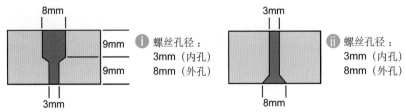

料件清单

料件代号	材料名称 + 规格	用量	备 注
Ⓐ	木条 370 mm（长）×94 mm（宽）×18 mm（厚）	1	车轮
Ⓑ	木块 40 mm（长）×28 mm（宽）×18 mm（厚）	1	火车头锅炉
Ⓒ	圆木柱 45 mm（长）×20 mm（直径）	1	火车头烟囱
Ⓓ	木块 50mm（长）×35 mm（宽）×45 mm（厚）	1	火车头驾驶室
Ⓔ	木块 90mm（长）×45 mm（宽）×18 mm（厚）	4	火车头 / 各车厢底盘
Ⓕ	35 mm 半圆形护边木条 55mm(长)	1	火车头驾驶室屋顶
Ⓖ	木块 80mm（长）×80 mm（宽）×18 mm（厚）	1	时钟车厢的时钟板
Ⓗ	短边条 45mm（长）×35 mm（宽）×5 mm（厚）	4	货车厢
Ⓘ	长边条 100mm（长）×35 mm（宽）×5 mm（厚）	4	货车厢
无	香菇形木塞	18	
无	时钟机芯	1	
无	钕铁硼强力磁铁	4	
无	华司垫片 10mm(直径)×1 mm（厚）	16	
无	32mm 平头螺丝	5	
无	20mm（M7.5）圆头螺丝	3	
无	22mm 平头螺丝（头径 7.5mm）	16	

❖ 使用工具：线锯机、电钻（3mm / 7mm / 8mm / 9.5mm / 20mm 钻头）、44mm 圆穴锯片、十字起子、磨砂机

❖ 使用物件或五金零件：

香菇形木塞

时钟机芯

华司垫片

20mm (M7.5) 圆头螺丝

32mm 平头螺丝

钕铁硼强力磁铁

22mm 平头螺丝
（头径 7.5mm）

染色剂
可以将浅色木材染成不同颜色，油漆店及 DIY
卖场均有售。一般染色剂都含有化学有机溶剂，
最好少用，并选择不含甲醛及重金属的品牌。

⛏ 车轮制作步骤

1 使用 44mm 的圆穴锯在木板 Ⓐ 上对准定位点钻孔。　**2** 从圆穴锯取下的圆形木块。　**3** 拆开圆穴锯就能取下木块。

4 重复步骤 1～3，取十六个圆形木块。

5 用美工刀将圆形木块边缘的毛边削除。

6 用 8mm 钻头在圆形木块的圆心钻 10mm 深的圆孔。

7 将圆形木块两侧打磨光滑。

8 利用大铁钉穿过圆形木块的圆孔，再放上磨砂机边缘打磨。磨砂机是靠马达带动机座，使其水平震动，圆形木块在砂纸上滚动，就能打磨得十分均匀。

9 在打磨光滑的圆形木块上涂上染色剂，染色剂的涂法和油漆一样，要薄薄地涂，若觉得颜色不够深，等漆干后再上第二或第三层。

🪓 火车头制作步骤

10 在木块 **B** 上用 20mm 木工钻头钻出 10mm 深的封闭孔。

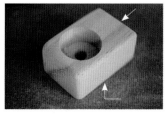

11 木块 **B** 钻孔后，再将棱角棱边打磨光滑。木块 **B** 的后侧面（箭头处）与下侧面要粘接其他构件，无须打磨。

12 裁切一段长 45mm 的圆木柱 **C**。

13 在木块 **B** 与木块 **D** 侧面下方测量并标记中间点。

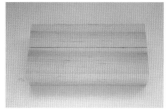

14 在木块 **E** 的木表面的横向面测量并标记中间线。

15 在木块 **E** 中间线上，分别于 15mm、50mm、80mm 的地方标上标注点。

16 木块 **E** 的两侧面也画出中间线，在 20mm 及 70mm 的地方标上标注点。

17 用 3mm 钻头将正面钻三个穿破孔，两侧面钻四个两两相连的穿破孔。

18 反面用 8mm 钻头扩沉头孔。

19 木块 **E** 前端（中间线靠15mm 的一侧）用 8mm 钻头钻两个 5mm 深的封闭孔（后续装木塞当车灯用）。

20 木块 **E** 后端用 9.5mm 钻头钻一个 5mm 深的封闭孔（后续装强力磁铁用）。

21 将木块 **D** 上木工胶粘在木块 **E** 的正面靠后侧，粘时，木块 **D** 侧面底部中间点（步骤**13**）要对齐木块 **E** 正面的中间线，两木构件后侧对齐。

22 用两支 32mm 平头螺丝将木块 **D** 固定在木块 **E** 反面 50mm 与 80mm 的地方。

23 将木块 **B** 的后侧面与下侧面上木工胶。

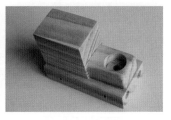

24 将木块 **B** 置中粘在木块 **E** 上。在木块 **B** 上的圆孔内挤入些许木工胶。

25 将圆木柱 **C** 装入木块 **B** 上的圆孔。

26 用 32mm 平头螺丝将圆木柱 **C** 固定在木块 **B**、**E** 上，再将木块 **E** 打磨光滑。

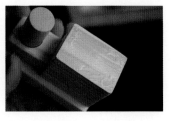

27 在木块 **D** 上端涂上木工胶。

28 锯一段 55mm 的半圆形护边木条 **F** 粘在木块 **D** 上端。

29 在木块 **E** 前端两个圆孔内挤入些许木工胶。

30 装上两颗香菇形木塞当成车灯。

🔨 **车厢制作步骤**

31 量测时钟机芯后方嵌件的外径，为 57.21mm。

32 在木块 **G** 上画出直径 58mm 的圆形，锯除后用来嵌入时钟机芯，上方左右两个角落也画上要锯除的圆弧线。

33 先用 8mm 的钻头在木块 **G** 的圆形内径内侧钻一个孔。

34 将线锯机锯片穿过木块 **G** 的圆孔，沿着圆形画线锯下。如果怕木屑飞散，可以将吸尘器吸管放在一旁。

35 将木块 **G** 锯好后的模样。

36 将木块 **G** 除了底面以外的部位打磨光滑。

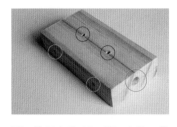

37 依照步骤 **14~17**，在第二块木块 **E** 的上方中间线的 30mm、60mm 处（红圈处）及两侧中间线 20mm、70mm 处（绿圈处）钻 3mm 的穿破孔。前端中心点再钻一个直径 7mm 深 5mm 的封闭孔（蓝圈处）。

38 反面用 8mm 钻头扩沉头孔（红圈处）。后端中心点再钻一个直径 9.5mm 深 5mm 的封闭孔（蓝圈处）。钻孔规格与位置请见时钟车厢结构图。

39 将加工好的木块 **G** 上木工胶，水平并垂置中粘在第二块木块 **E** 上。

40 用两支 32mm 平头螺丝将木块 **G** 固定在第二块木块 **E** 上，再将木块 **E** 打磨光滑。

41 裁切好货车厢所需的木块 **E** 及短边条 **H** 两条、长边条 **I** 两条。

42 将两条短边条 **H** 上木工胶，粘在第三块木块 **E** 的两短边上，加压粘合。

43 将两条长边条 **I** 上木工胶，粘在第三块木块 **E** 的两长边上，加压粘合。

44 将货车厢的尖角与锐边打磨光滑。在两侧下方距侧边 20mm 及距底边 9mm 处各钻两个 3mm 的穿破孔（绿圈处）。前端中心点钻一个直径 7mm 深 5mm 的封闭孔，后端中心点钻一个直径 9.5mm 深 5mm 的封闭孔。钻孔规格与位置请见货车厢结构图。重复步骤 **41~44** 完成第二个。

🔨 外观处理与组合

45 将各半成件上色。

46 上亮光漆作为保护。

47 将钕铁硼强力磁铁用橡胶锤敲入车厢后端 95mm 的圆孔内。

48 重复相同步骤，将钕铁硼强力磁铁敲入各车厢后端 95mm 的圆孔内。

49 将三支 20mm（M7.5）圆头螺丝锁入时钟车厢与货车厢前端 70mm 的圆孔内。

50 在每节车厢的侧面圆孔上放一片华司垫片。

51 将 22mm 平头螺丝（头径 7.5mm）放入圆形木块的圆孔内。

52 用十字起子将圆形木块内的螺丝穿过华司垫片锁入车厢侧面圆孔内。

53 将另外三个圆形木块都锁在车厢上。

54 重复步骤 **50~53**，将所有车厢都锁上圆形木块。

55 将时钟机芯嵌入时钟车厢。

56 将香菇形木塞背面上木工胶后，塞入圆形木块的圆孔，用橡胶锤将香菇形木塞敲紧。

57 依序将另外三个圆形木块都装上香菇形木塞。

58 重复步骤 **56~57**，将所有车轮的圆形木块都装上香菇形木塞。

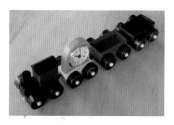

59 利用磁铁的吸力将车厢连起来就完成了。

60 车厢可以用来收纳小玩具或文具。

木工小教室

认识木口面、木端面、木表面、木里面

1. 木口面：又称"横断面"，可以看到树木年轮的两侧面。施作时，木口面会设计在
   短边，木材加工时才不易断裂。

2. 木端面：又称"径断面"，与木口垂直的两侧面。有人也会习惯将木表跟木里面称
   作"上端面"与"下端面"。施作时，会将木口面设计在短边，而木端面
   放在长边，因为木端面是连续的木质纤维面，支撑力会比木口面强韧。

3. 木表面：又称"弦断面"，取材时靠近木材表皮的那一面。水分比较多的木材放久后，
   木表这一面两端会视干燥情况而翘起变形，所以施作时大多会将这面朝向
   木作的外侧。如果使用拼板的话，因为
   是用木材余料随意排列制成，反而不容
   易有单向变形的情形发生。

4. 木里面：也是弦断面，取材时靠近木材中心的那
   一面。

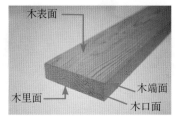

让做木工更方便的圆穴锯

圆穴锯是一种中空圆形的锯片，可以在木板上轻易锯出圆形开孔，需要圆形木块时，
也可以用这种特殊锯片来取材。圆穴锯有多种尺寸，借由搭配不同直径的锯片，还可
以在木板上锯出小熊头或米老鼠头等造型可爱的开孔。

儿童益智游戏盘

积木能够训练宝贝手部灵活度，
不同的图案还能加强排列辨识与记忆能力。

难度 ☆☆☆☆☆

制作时间　入门 12～14hr

熟练 7～9hr

拿起遮盖块改变成不同的形
状块，就可以让孩子玩排列\
组合的游戏。

淇淇很小的时候曾参加过一个亲子读书会，其中有位爸爸，因为在念书进修所以较少参加。有次那一家的爸爸也来了，他女儿见到其他小孩，第一句就神气地说："我把拔来了！"当下我才发觉小孩其实是很敏感的，孩子成长的过程中，只有妈妈的母爱绝对是不够的，唯有父母陪伴、各牵一手的小孩才会安心。近来不管是影剧新闻、政府统计数据，还是自己周遭好友，夫妻失和离婚的讯息时有耳闻，接着就会听到小孩要归谁的残忍抉择。硬汉的父母那一代离婚率相当低，除了社会风气及亲友看法，最主要的原因还是为了给小孩完整的家庭而互相容忍。记得念大学时，有次放假从台中回家，黄昏时跟母亲坐在顶楼阳台乘凉聊天，聊着聊着，母亲说了一段曾经想离婚的往事。

淇淇——跑过来吧！爸爸随时都会抱住你的！

母亲在家中排行老幺，从小就备受疼爱；相反地，父亲在家中排行老大，还没成年养家的担子就已十分沉重。由于成长环境落差太大，加上生活负担沉重，外婆本来就不赞成这门婚事，甚至还威胁说如果坚决要嫁就再也不要见母亲！因为父亲是个苦干实干有责任感的老实人，母亲说她当年宁愿承受不被外婆祝福的痛苦也要嫁给父亲，偏偏外婆跟母亲的个性一样都很好强，母亲婚后，两人果然就不再见面了。直到七年后我出生时，可能因为头太大了，母亲痛了一日一夜，大舅跟外婆说可能会有危险，外婆才急忙到医院探视母亲，当她诉说这段隔了七年才再见到外婆的往事，就算已经过去了二十年，仍不禁悲从中来。母亲说她曾一度因为生活太苦，想要放弃婚姻，可是一想到有三个幼子嗷嗷待哺，只能咬牙苦撑，为了让我们有完整的家庭，承受着生活的艰苦及父亲的大男人脾气。当三个小孩都长大独立时，却又接连承受丧偶之痛与癌症的折磨。每当我遇到瓶颈，只要想到母亲，就会深深觉得自己太脆弱了。

我的婚姻十分美满，但我们这一代从事电子业的，职位升到一定层级通常就会面临"是否要两地分离西进发展，好让钱途跟前途再高人一等"的抉择，还好我从不需要在事业与家庭的天平上做出选择。当硬汉离开上一份工作后，有朋友邀约去大陆再拼几年，我婉拒了，因为我想陪着女儿，不想让老婆独自负担小孩成长的辛苦，更不想缺席女儿成长的每个阶段，所以职衔不用太漂亮、钱少赚一点也没关系。

硬汉现在住在台北郊区山上，当年买不起市区房子反倒因祸得福，一年四季能看到萤火虫、锹形虫、独角仙、大冠鹫、白鹭鸶、松鼠等多样生物，随时可以带女儿去观察昆虫鸟兽，发掘大自然万物。此外，因为山上的居住空间较大，也方便我研究制作一些益智教材。儿童益智游戏盘就是一个做法简单但多功能的玩具，可以练习形状排列、记忆训练、井字游戏，若放入一些小玩具再用橡皮筋绑住一张日历纸，就变成每个小朋友都很爱玩的"戳戳乐惊喜格"。

儿童益智游戏盘结构图

木盘结构图

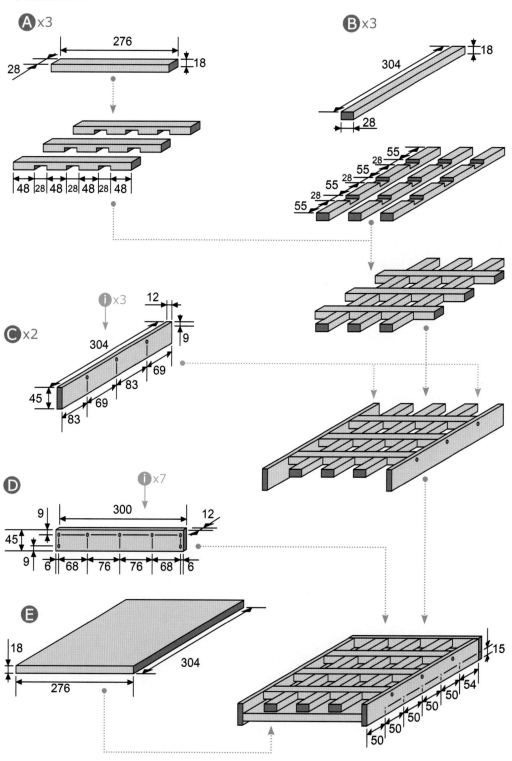

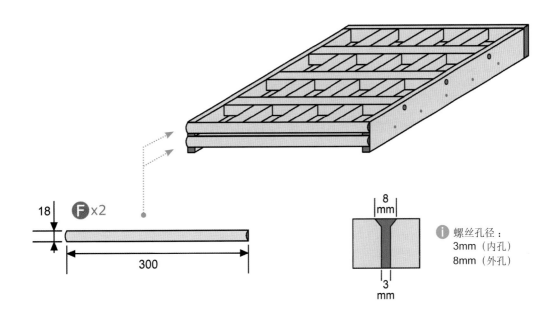

18

Fx2

300

8 mm

3 mm

ℹ️ 螺丝孔径：
3mm（内孔）
8mm（外孔）

遮盖块与形状块结构图

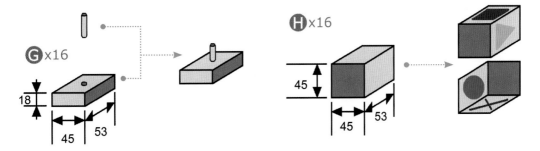

Gx16

18

45 53

Hx16

45

45 53

✂ 料件清单

料件代号	材料名称 + 规格	用量	备 注
Ⓐ	短木条 276 mm（长）×28 mm（宽）×18 mm（厚）	3	
Ⓑ	长木条 304 mm（长）×28 mm（宽）×18 mm（厚）	3	
Ⓒ	侧边条 304 mm（长）×45 mm（宽）×12 mm（厚）	2	
Ⓓ	上边条 300 mm（长）×45 mm（宽）×12 mm（厚）	1	
Ⓔ	木板 276 mm（长）×304 mm（宽）×18 mm（厚）	1	
Ⓕ	18 mm 半圆形护边木条 324mm（长）	2	
Ⓖ	木块 45 mm（长）×53 mm（宽）×18 mm（厚）	16	
Ⓗ	木块 45 mm（长）×53 mm（宽）×45 mm（厚）	16	
无	木钉 30 mm（长）×6 mm（直径）	16	
无	32mm 平头螺丝	13	
无	30mm 铁钉	10	
无	20mm 铁钉	10	

❖ 使用工具：铁锤、凿刀、手锯、锉刀、电钻（3mm／6mm／8mm钻头）、十字起子、磨砂机

❖ 使用物件或五金零件：

32mm 平头螺丝

30mm 铁钉

20mm 铁钉

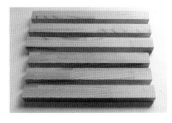

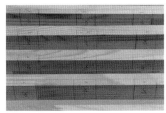

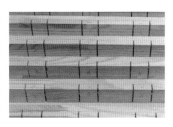

1 裁切木盘结构所需的短边条 Ⓐ 及长边条 Ⓑ 各三条，长边先打磨光滑。

2 在短边条 Ⓐ 及长边条 Ⓑ 上量测绘制要切除的凹槽。

3 将要切除的凹槽用锯子先锯开两侧。

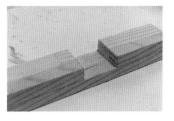

4 用凿刀凿除短边条 Ⓐ 及长边条 Ⓑ 要切除的凹槽部分。

5 将凿刀对准锯子锯开的锯槽，将凿刀竖直，用铁锤敲击凿柄，即可凿下想要去除的凹槽内的木块。凿除可分两到三次进行。

6 重复步骤4~5，去除短边条 Ⓐ 及长边条 Ⓑ 要切除的凹槽。

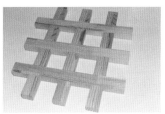

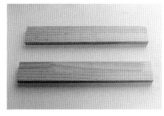

7 用锉刀将凹槽内毛边磨除平整。

8 将加工好的短边条 Ⓐ 及长边条 Ⓑ 凹槽相对准后，搭接组合在一起。

9 在侧边条 Ⓒ 上量测标记螺丝固定点（见木盘结构图）。

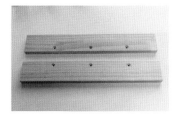

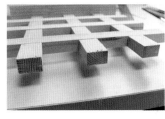

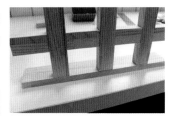

10 侧边条 Ⓒ 上的标注点先用3mm钻头钻穿破孔，再用8mm钻头扩沉头孔。组合前先将表面打磨光滑。

11 在短边条 Ⓐ 木口端上涂木工胶抹匀。

12 将侧边条 Ⓒ 沉头孔朝外侧，与短边条 Ⓐ 粘合定位。

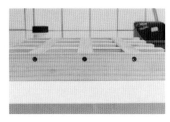

13 用三支 32mm 平头螺丝将侧边条 **C** 与短边条 **A** 组合固定。再重复步骤 **11~13**，将另一片侧边条 **C** 与短边条 **A** 组合固定。

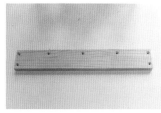

14 在上边条 **D** 上量测标记螺丝固定点（见木盘结构图），标注点先用 3mm 钻头钻穿破孔，再用 8mm 钻头扩沉头孔。组合前先将表面打磨光滑。

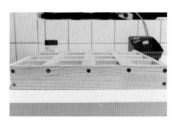

15 依照侧边条 **C** 的固定方式，在长边条 **B** 木口端上涂木工胶抹匀，将上边条 **D** 沉头孔朝外侧与长边条 **B** 粘合定位，用七支 32mm 平头螺丝组合固定。

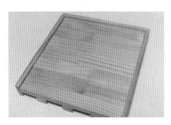

16 将木板 **E** 放入短边条 **A** 与长边条 **B** 搭接架的背面。

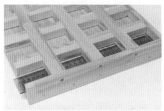

17 将两把 30cm 的塑料尺叠在一起，放在木板 **E**、短边条 **A** 与长边条 **B** 搭接架的中间，隔开约 3mm 的间隙。

18 两侧各用 5 支（共 10 支）30mm 铁钉将木板 E 固定在侧边条 **C** 上。

19 裁切两支 18 mm 半圆形护边木条 **F**，并先打磨光滑。

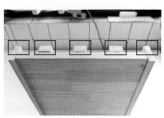

20 如图，将标示的五个地方上木工胶抹匀。

21 将 18 mm 半圆形护边木条 **F** 粘在步骤 20 上胶的位置，并用五支 20mm 铁钉固定（红圈处）。

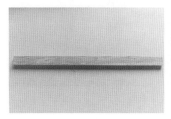

22 在第二根 18 mm 半圆形护边木条 **F** 背面上木工胶。

23 将第二根 18 mm 半圆形护边木条 **F** 粘在木板 **E** 的侧面（不要挡住间隙），用五支 20mm 铁钉固定（红圈处）。

24 涂上亮光漆，完成。

25　裁切遮盖块所需的十六块木块
　　G。

26　在木块 **G** 上量测标注中心点
　　（见遮盖块结构图）

27　用 6mm 钻头钻 10mm 深的封
　　闭孔。

28　将木块 **G** 所有棱角、锐边、
　　平面打磨光滑。

29　钻孔内抹入一些木工胶，塞入
　　木钉。

30　依照步骤 **25～28**，将十六块
　　木块 **G** 加工。最后上亮光漆。

🔨 形状块制作步骤

31　裁切形状块所需的十六块木块
　　H。

32　将十六块木块 **H** 所有棱角、
　　锐边、平面打磨光滑。

33　在透明片上画各种形状，再用
　　刀片割成中空。

34　将透明片放在木块 **H** 上，三
　　个侧面依序用铅笔描上图形。

35　第四面侧面用圆规画出圆形。

36　用颜料将图形涂色，上完色静
　　置放干后，再涂上一层亮光漆
　　作为保护。

✂ 游戏方式

（一）记忆拼盘

1 在木盘的夹层间隙中塞一张空白日历纸，十六个空格中写上拼音、英文字母、简单符号或画上动物等任何想让孩子认识的东西。

2 将遮盖块放入木盘的空格内，遮盖块上的木钉可以训练孩子手指的力量与灵活度。

3 在玩乐中训练宝贝的记忆力，并自然而然地认识一些简单的字母符号。

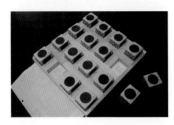

4 也可以将形状块放入空格，形状块的大小可以训练手掌的握力与手腕的灵活度。形状块还可以单独当成积木玩。

（二）戳戳乐惊喜格

1 在木盘空格内放入小玩偶玩具。

2 放上空白日历纸，用大橡皮筋绑住，还可以在纸上标示数字。

3 这样就是小朋友都爱玩的戳戳乐惊喜格。

[注]玩的时候要一定有大人陪伴，以免小孩将橡皮筋套入脖子，发生危险。不玩时，橡皮筋也要记得收好。

（三）形状颜色排列盘＆井字游戏

1 可以出题让孩子排成相同形状，或是一列一种随机的形状颜色等，训练孩子辨识组合与方向感。

2 使用九个形状块的○或×面，可以用来玩井字游戏。

木工小教室

让结构更坚固的进阶木工接合技巧：搭接法

简单地说，就是将两块木料以某种角度交叉接合在一起，依结构可再细分为榫接（平榫／双榫）、单缺口搭接、双缺口搭接、藏纳搭接、勾齿搭接、斜凹槽搭接、平凹槽搭接。

本章示范的木作玩具使用的技巧就是搭接法中最基础的平凹槽搭接。先设计两木料的接合处，分别锯凿出对应尺寸的凹槽，将两木料凹槽对接嵌入后，结构便无法滑动，尺寸如果裁切得精准，只需上木工胶粘合，就能十分稳固。

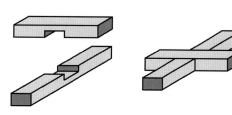

Chapter3
复合功能的益智玩具

在制作前，不妨多加构思如何延续玩具的寿命，增加其他实用功能。孩子就算不再玩了，也不会变成占空间的垃圾，看到这件玩具时，就会想起曾经带来的快乐。木作玩具可以不只是单纯的玩具，动动脑筋继续动手，为宝贝做出独一无二、实用好玩的特制玩具吧！

上高中前，我从没见过也没摸过电脑，直到高中念了职业学校电子科后，周遭同学仿佛是从另一个世界来的似的，每个人家里几乎都有电脑，谈论的话题都跟电脑有关，而我则搭不上半句话，只能默默在一旁听着。

当时我苦苦恳求父亲买台电脑给我，终于在高一升高二的暑假，我有了人生第一台全新电脑。以当时家里的经济状况，拿出五万块买电脑，肯定是爸爸再三犹豫、盘算许久后才做出的决定。正因如此，这段十六岁的惊喜记忆我永远都不会忘记。这份感动，让我在二十年后仍记忆深刻，有了淇淇后，我便想如法炮制，在女儿的成长记忆中复制这份惊喜快乐。凡走过必留下痕迹，电脑装置三年五载就会坏掉，木头做的玩具只要用心爱护使用，却能使用很久。我相信只要是父母用心亲手做的玩具，灌注在玩具上的温度一定会持续下去，纵使有一天玩具坏了，留下的快乐影像，也足以让孩子日后翻出相簿，立即想起这段快乐成长的温馨时光。

淇淇得到新木作玩具时的快乐表情，让我百看不腻。　新玩具总是能让淇淇蹦蹦跳跳、欢天喜地，而我也跟着高兴。

几何积木杯架

三种造型的积木可以学习辨识几何形状与分类配对，
收起积木，还可以当成杯架使用。

难度 ☆☆☆☆☆

制作时间　入门 12～14hr

　　　　　熟练 7～9hr

一岁后，可以让孩子开始学习辨识几何形状，等再大一些，
还可以给她不同的排列任务，训练记忆力与准确放置物品的能力。

从前，我家一楼就是爸爸的工作室，堆放了各式木板跟角料，硬汉对这些材料是又爱又恨。先说爱的原因，家中有这么多材料是件幸福的事，想做什么就能随手取来制作，无论是学校自然科学要用的摆体教材，还是劳作课的木头小火车，我都是班上少数几个能自己做出来的学生。至于恨的原因，家里材料多就代表考试考不好时，爸爸随手一拿就是一支可以赏我一盘"竹笋炒肉丝"的板子。记得小学三年级有次考试考了倒数几名，想到拿成绩单回家肯定会被修理一顿，于是我在材料堆中找出一支比较宽、薄的夹板条，宽板的着力点比较分散，打起来应该不会太痛，还特地等到星期天爸爸午觉刚睡醒才将成绩单拿给他看，想说刚睡醒手比较没力，打起来又更轻一些，因为是我自己拿板子自首认罪，所以那回爸爸只是轻轻打了三下，训了几句要我认真念书。其实，从小到大我被爸爸修理的次数非常少，用一只手就能数得出来，爸爸不会对我讲长篇大道理，都是用简单的生活小事做身教。还记得小时候每年回云林爷爷家过年，爸爸都会去老家后院锯一段竹子让我当存钱筒，每回等钱存满后，剖开竹筒，爸爸就会把钱收起来，等到开学时缴学费和买课本，从幼儿园一直到小学毕业都是如此。因为这样的教育方式，从小我就觉得自己筹措学费是理所当然的事，剖开后的竹筒也没丢掉，爸爸会做成小玩具或文具给我。

成长过程中，由于物质生活不算太富裕，硬汉非常容易就能满足，爸爸偶尔做个小玩具给我，就能乐上半天。硬汉还没开始做木作玩具之前，也弄过一些简单的玩具给淇淇玩。记得淇淇未满两岁时，适逢二〇一二大选，中立的硬汉得知某党在发送小猪扑满，也跑去拿了一个，接着换了五百个一元铜板，先用洗衣机洗净再用沸水煮，最后摊在阳光下跟棉被一起晒了整个下午，才给女儿玩。一开始，她的手指不够灵活，一个铜板都投不进去，经过短暂的练习后，就能轻松对准扑满硬币口，光一个投币动作就能玩上一小时，每当快投满的时候，老婆再将硬币挖出来，单单这个投猪公的游戏我女儿就玩了快一年。

开始动手做玩具后，我做了好几个复杂的大型玩具，有网友劝说这样会把小孩惯坏，以后孩子就不玩简单的小玩具了，事实上，这样的顾虑真的是多余了。因为家中空间有限，硬汉后来开始做些简单的木头小玩具，有天我随手做了一只小象，淇淇收到时爱不释手，马上就把她最爱的"钓鱼小猫"拿来做伴，但是过了一会儿，淇淇便开始古灵精怪起来。

淇淇：爸爸——可是我觉得猫咪的好朋友应该是小狗耶！
硬汉：小象也可以跟猫咪当好朋友啊！
淇淇：可是我觉得猫咪跟小狗才会玩得很快乐啊！
硬汉：……

淇淇：（自导自演内心戏）猫咪不要难过喔，我会一直陪着你的。

硬汉：……（关电脑上楼）

（一小时后变出一只小狗）

淇淇：哇——爸爸最棒了！猫咪你有好朋友了。

硬汉：谢……谢谢……

做了小象跟小狗后，我又做了一只小猪要给淇淇惊喜，按照惯例，我又是用出其不意的惊喜方式送给淇淇。

硬汉：淇淇——你看爸爸手上拿的什么？

淇淇：小猪！耶——是小猪！

硬汉：你忘记说什么？（标准答案是"我最爱爸爸了！"）

淇淇：谢谢爸爸！

硬汉：噢——不客气，还有嘞？（快说"我最爱爸爸了！"）

淇淇：（想）还少两只，猪大哥跟猪二哥呢？

硬汉：（愣）什么？

淇淇：那会有大野狼吗？

硬汉：……（糟糕……女儿的联想力越来越丰富了！）

小孩子最天真单纯了，只要父母用心付出，就能得到甜美的笑容回应，简单做的小东西，效果甚至可能好过砸大钱。孩子满一岁后，不妨试着简单做一个"几何积木杯架"，不但可以让宝贝学习辨识几何形状与分类配对，日后玩腻了，还可以当成杯架使用。

几何积木杯架结构图

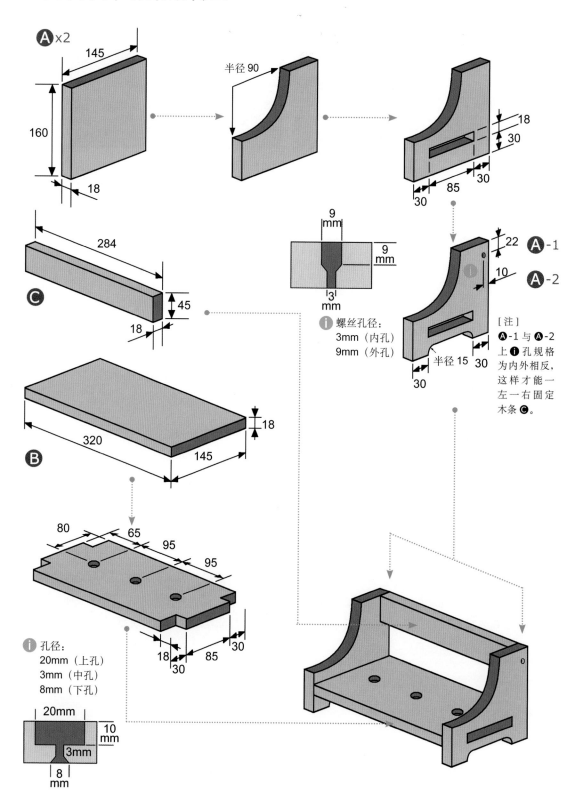

A ×2

145

160

18

半径90

18
30

30　85　30

C

284

45

18

9 mm

9 mm

3 mm

ℹ️ 螺丝孔径：
3mm（内孔）
9mm（外孔）

22 **A**-1

10 **A**-2

[注]
A-1 与 **A**-2
上ℹ️孔规格
为内外相反，
这样才能一
左一右固定
木条 **C**。

半径15　30

30

B

320

145

18

80　65

95

95

18　85　30

30

ℹ️ 孔径：
20mm（上孔）
3mm（中孔）
8mm（下孔）

20mm

10 mm

3mm

8 mm

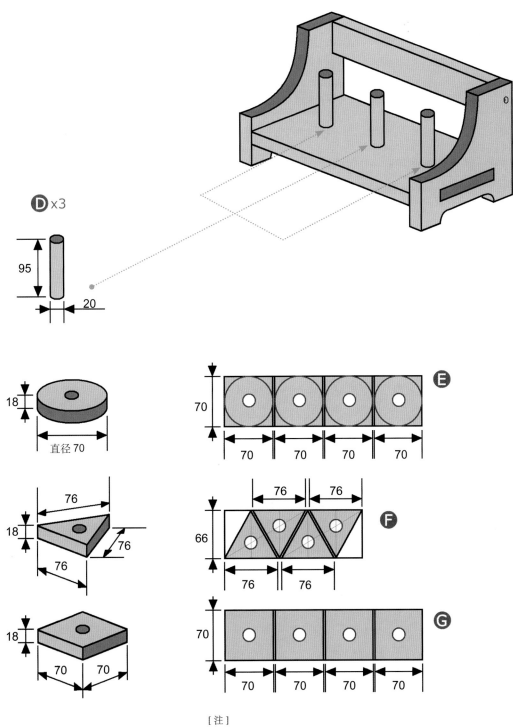

D ×3

95
20

18
直径 70

76
18
76
76

18
70   70

70
70   70   70   70

E

76   76
66
76   76

F

70
70   70   70   70

G

[注]
1. 几何木块 **E F G** 中心的开放孔孔径皆为 20mm。
2. 几何木块的裁切间隙可以视刀锯的宽度取 1~3mm。
3. 等边三角形画出两端点的垂直线，两线相交就是中心点。

✂ 料件清单

料件代号	材料名称 ＋ 规格	用量	备　注
Ⓐ	木板 160 mm（长）×145 mm（宽）×18 mm（厚）	2	
Ⓑ	木板 320 mm（长）×145 mm（宽）×18 mm（厚）	1	
Ⓒ	木条 284 mm（长）×45 mm（宽）×18 mm（厚）	1	
Ⓓ	圆木柱 95 mm（长）×20 mm（直径）	3	
Ⓔ	木条 290mm（长）×70 mm（宽）×18 mm（厚）	1	裁切加工成四块圆形
Ⓕ	木条 200mm（长）×68 mm（宽）×18 mm（厚）	1	裁切加工成四块等边三角形
Ⓖ	木条 290mm（长）×70 mm（宽）×18 mm（厚）	1	裁切加工成四块正方形
无	木塞	2	
无	32mm 平头螺丝	5	

✚ 使用工具：线锯机、电钻（3mm / 8mm / 9mm / 18mm / 20mm 钻头）、锤子、十字起子、磨砂机

✚ 使用物件或五金零件：

木塞

32mm 平头螺丝

1　裁切好几何积木杯架主结构所需的木板 **A** 两块、木板 **B** 一块。

2　用尺和圆规在木板 **A** 上量测绘制出要裁切的部分。

3　加工木板 **A** 上准备用来插接木板 **B** 用的长方孔。如果有角凿机或修边机，就很容易制作长方孔，如果没有上述两种机具，可以先用18mm钻头在两端先钻出开放孔。

4　用线锯机沿着两圆孔的下缘锯开。

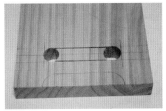

5　沿着两圆孔的上缘锯开。

6　用线锯机将四个角落圆弧部位锯除，长方孔即完成，再将底部部位锯除。

7　裁切上方的1/4圆形，几何积木杯架的侧板就完成了。再依相同步骤制作第二块。

8　如图，于上方直角位置，用3mm钻头钻一个穿破孔，再用9mm钻头扩大钻深9mm的外孔。另一块侧板位置相同，但规格内外相反。

9　锯除木板 **B** 的四个角。

10　在木板 **B** 上用3mm钻头钻三个穿破孔，再用20mm钻头扩大钻深10mm的扩孔。

11　在木板 **B** 上的红框位置涂上木工胶。

12　将木板 **B** 侧边插入木板 **A** 的长方孔内。先拿块木板垫在木板 **A** 上，用锤子左右均衡施力敲入。安装时，木板 **A** 上的 **I** 孔9mm（外孔）朝外侧。

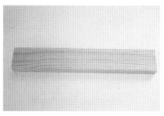

13 重复步骤 **12**，将另一块木板 Ⓐ 装在木板 Ⓑ 的另一侧。

14 裁切几何积木杯架用来做后支撑的木条 Ⓒ 一支。

15 在木条 Ⓒ 的两侧抹上木工胶。

16 将木条 Ⓒ 装入如图的角落位置。

17 两侧各用一支（共两支）32mm 平头螺丝，将木条 Ⓒ 固定在木板 Ⓐ 上。

18 将两颗木塞装入螺丝孔，并用锤子敲平。

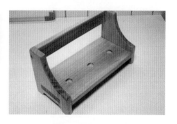

19 将几何积木杯架主结构各棱角、锐边、粗糙面打磨光滑。

20 表面打磨光滑后，可依个人喜好上彩绘或做蝶古巴特拼贴。

21 表面再涂上底漆及亮光漆，或上蜡漆保护。

22 裁切三根圆木柱 Ⓓ，先上漆或上蜡保护。

23 在木板 Ⓑ 上的三个 20mm 圆孔内抹入些许木工胶。

24 将三根圆木柱 Ⓓ 装入木板 Ⓑ 上的三个 20mm 圆孔内。

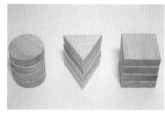

25 反面用三支 32mm 平头螺丝将圆木柱 **D** 固定在木板 **B** 上，锁附固定前，先在圆木柱 **D** 上钻孔，以免木材裂开。

26 将木条 **E** **F** **G** 裁切成圆形、等边三角形及正方形各四块。

27 在各几何木块中心点钻 20mm 的穿破孔。

28 将各几何木块棱角、锐边、粗糙面打磨光滑。

29 上漆或上蜡保护后，就可以放入几何积木杯架，即完成。

木工小教室

让结构更坚固的进阶木工接合技巧：插接法

比对接法更坚固的木件接合结构，接头处又称直榫，常用于桌子支架接合或椅脚支撑接合，可以承受更强的纵向及横向冲击力。

还有直榫＋木楔、双榫头、双排双榫头等接合能力更强的改良结构。这类技法，传统方式会使用凿刀来凿孔，快速制作方式则是使用角凿机，折中方法是使用电钻或修边机搭配凿刀来制作方孔。

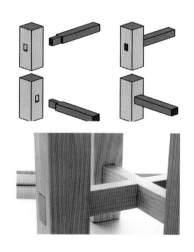

小木屋面纸盒储蓄罐

可爱的小木屋是储蓄罐也是面纸盒，
还能当成迷你小玩具收纳箱。

难度 ★★☆☆☆

制作时间　入门 12~14hr

　　　　　熟练 7~9hr

小木屋玩具收纳箱能让散落各处的小玩具通通回家。

不放面纸的话，还能当成零钱储蓄罐，让孩子从小养成储蓄的好习惯。

《蝴蝶》（*Le Papillon*）是硬汉最喜欢的一部法国电影，电影讲述生长在单亲家庭的八岁小女孩丽莎，刚跟妈妈搬到巴黎新家，认识了住在楼下的孤僻老爷爷朱利安。有一天，因为妈妈醉倒在朋友家没来接她下课，古灵精怪的丽莎就偷偷跟着有收藏蝴蝶标本嗜好的朱利安一同远行，出发前往阿尔卑斯山深山，找寻欧洲最漂亮的蝴蝶——"伊莎贝拉"。整部电影在丽莎天真活泼与朱利安严肃古板的冲突下，激荡出许多欢笑，阿尔卑斯山区壮阔的自然美景加上语调优美的法语，是一部视觉与听觉都十分让人享受的电影。结尾老爷爷朱利安望着前方玩篮球丽莎，一边跟丽莎妈妈的对话，让我至今都印象深刻。

丽莎妈妈：（看着丽莎）真搞不懂她为何这样爱篮球。

朱利安：不快乐的小孩通常都急着长大。

丽莎妈妈：您不认为我是好母亲，是吧？

朱利安：母亲不仅要照顾孩子吃饭、穿衣，让他们好好长大，孩子还需要妈妈的轻抚拥抱，以及妈妈充满爱的亲吻……其实她是在向你求救，你或许应该跟她说说话。

丽莎妈妈：您要我跟她说些什么？

朱利安：只要说你爱她。

丽莎妈妈：这……她应该知道。

朱利安：她若知道还会做这些事吗（指离家出走）？就这简单的三个字！

（下一幕，丽莎妈妈走近丽莎在耳边轻说几句耳语，丽莎高兴地抱住妈妈，看到这一幕，硬汉心里突然揪了一下。）

很高兴淇淇非常介意我们说她"变大了"或"长大了"，隔三差五就要提醒我们说："淇淇小小的！"有时候硬汉跟她玩捏屁股游戏，捏几下后说："淇淇屁股被我捏成大大的了！"她还会着急着要我赶快把屁股搓一搓变回小小的。有次我不经意地问淇淇为什么想要一直"小小的"，淇淇的回答让硬汉差点哭出来，她说："小

一块开满小花的草地就可以让淇淇玩得不亦乐乎。

淇淇对海德堡鼎鼎大名的铜猴不感兴趣，反倒是对一旁的小铜鼠爱不释手。

面对满满整橱柜的玩具，淇淇绝对会先选最小的那个。

小的淇淇才能跟大大的爸爸永远都不分开！"

我跟老婆从不吝于对女儿反复说"我爱你"，有时看到她安静地在看绘本或画画，会忍不住把她一把抱起连亲十几下，因此，淇淇常会不自觉地把"我好快乐""我好爱爸爸妈妈"挂在嘴上。硬汉十分珍惜现在这段女儿非常黏我的时光，也乐得时常构思要做什么玩具带给女儿更多的快乐，网友常说我是女儿的万能天使，事实正好相反，女儿才是让我变万能的天使。有时老婆甚至会吃醋对我说："上辈子疼不够啊！"硬汉会打趣地跟老婆说："至少你就知道我下辈子会多疼你啦！"

淇淇除了喜欢自己"小小的"，举凡食物、动物、植物，只要是模样小巧的都会吸引她的注意，因为这样的喜好，淇淇的"小玩具"多到不行。若没有专用玩具收纳箱，小玩具久而久之就散落在床、沙发、桌子、橱柜的缝隙中，还好淇淇没看过《借东西的小人阿莉埃蒂》，不然肯定会说是小精灵拿走的。这个有多种功能的"小木屋面纸盒储蓄罐"，孩子小的时候可以当玩具收纳箱；等到年纪稍大一点，就可以改当储蓄罐；好好爱惜使用的话，当爸爸的还可以在女儿出嫁那天拿来当面纸盒，一手牵着女儿的手走红地毯，一手抱着小木屋面纸盒抽面纸擦眼泪擤鼻涕……（啊！说中了我心头的痛处！）

关于《蝴蝶》这部电影还有个小插曲，当年硬汉跟老婆还是朋友时，她寄了这部电影的片尾曲给在德国工作苦闷的硬汉听，虽然当时不知道法文歌词的含义，但轻快的旋律搭配娇嫩与老成的老少对唱，让硬汉忍不住一听再听，听着听着就爱上了老婆。所以，如果说淇淇是蝴蝶载来的，好像也说得通喔！

小木屋面纸盒储蓄罐结构图

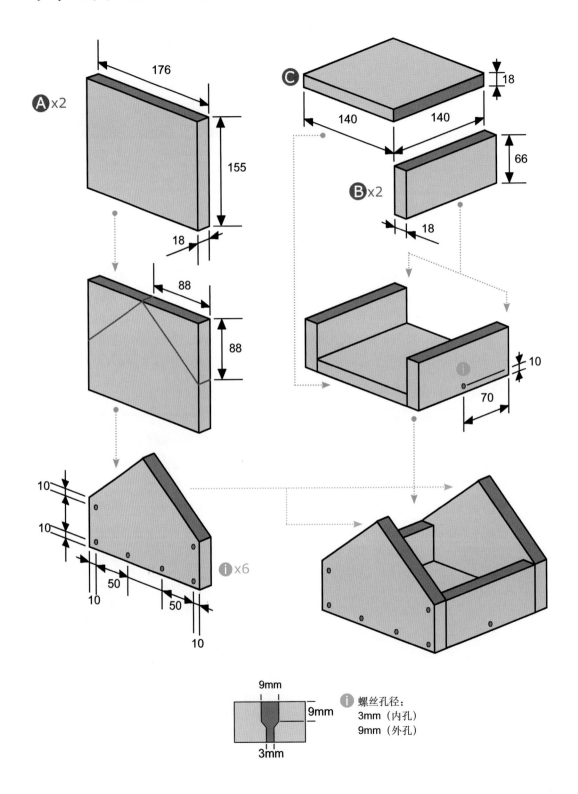

A x2 176 155 18

C 18 140 140

B x2 66 18

88 88

10 10 70

i x6 10 50 10 50 10

9mm 9mm 3mm

i 螺丝孔径：
3mm（内孔）
9mm（外孔）

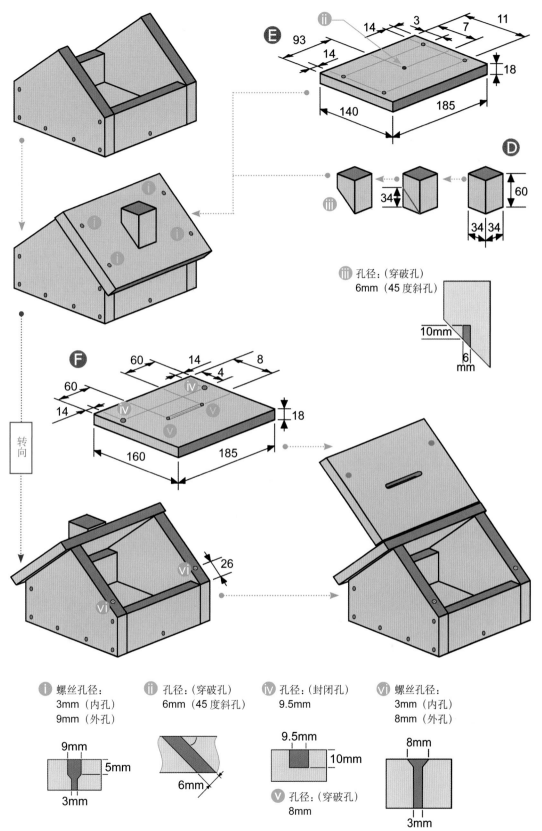

E

ⅱ

93 14 3 7 11

14 18

140 185

D

ⅲ 34 60 34 34

ⅲ 孔径：（穿破孔）
6mm（45 度斜孔）

10mm 6 mm

F

60 14 8
60 4
14 ⅳ
ⅳ ⅴ
18
160 185

ⅵ 26

ⅵ

转向

ⅰ 螺丝孔径：
3mm（内孔）
9mm（外孔）

9mm
5mm
3mm

ⅱ 孔径：（穿破孔）
6mm（45 度斜孔）

6mm

ⅳ 孔径：（封闭孔）
9.5mm

9.5mm
10mm

ⅴ 孔径：（穿破孔）
8mm

ⅵ 螺丝孔径：
3mm（内孔）
8mm（外孔）

8mm
3mm

113

✂ 料件清单

料件代号	材料名称 + 规格	用量	备 注
Ⓐ	木板 176mm（长）×155mm（宽）×18mm（厚）	2	
Ⓑ	边板 140mm（长）×66mm（宽）×18mm（厚）	2	
Ⓒ	底板 140mm（长）×140mm（宽）×18mm（厚）	1	
Ⓓ	木块 60mm（长）×34mm（宽）×34mm（厚）	1	
Ⓔ	木板 185mm（长）×140mm（宽）×18mm（厚）	1	
Ⓕ	木板 185mm（长）×160mm（宽）×18mm（厚）	1	
Ⓖ	木板 66mm（长）×66mm（宽）×18mm（厚）	1	
无	木塞	18	
无	木钉	1	
无	钕铁硼强力磁铁	2	
无	蝴蝶后钮	2	
无	不织布	些许	
无	双面胶	些许	
无	32mm 平头螺丝	20	
无	12mm 平头螺丝	8	

❖ 使用工具：手锯、线锯机、电钻（3mm/6mm/8mm/9mm/9.5mm 钻头）、十字起子、锉刀、磨砂机
❖ 使用物件或五金零件：

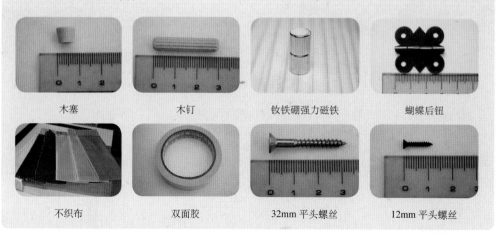

木塞　　　　　木钉　　　　钕铁硼强力磁铁　　　蝴蝶后钮

不织布　　　　双面胶　　　32mm 平头螺丝　　　12mm 平头螺丝

🔨 制作步骤

1 裁切好几何积木杯架所需的木板 Ⓐ 两块、边板 Ⓑ 两块、底板 Ⓒ 一块。

2 将木板 Ⓐ 木口端朝上，用尺测量并标示上侧中间点（88mm处）。

3 将分度尺调整为 45 度，绘制右半侧等边三角形。

4 将分度尺调整为 135 度，绘制左半侧等边三角形。

5 沿两条线的外侧锯下。

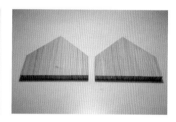

6 重复步骤 2~5，将两块木板 Ⓐ 锯成如图状。

7 在两块木板 Ⓐ 上标记螺丝固定点（见小木屋面纸盒扑满结构图）。

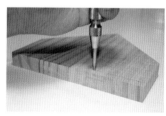

8 用中心冲加压打点，以便钻孔定位。

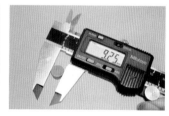

9 量测木塞头直径，在 9.1~9.3mm 范围内。钻孔孔径要小于木塞头直径才能卡紧，所以钻孔孔径设定为 9mm。

10 量测木塞长度，约 6.9mm。钻孔深度要大于木塞长度，木塞才不会突出外露，所以钻孔深度设定为 9mm。

11 两块木板 Ⓐ 上的标注点，先用 3mm 钻头各钻六个穿破孔，再用 9mm 钻头扩大钻深 9mm 的外孔。

12 在两块边板 Ⓑ 上量测标记螺丝固定点（见小木屋面纸盒扑满结构图），并用中心冲加压打点方便钻孔定位。

13 两块边板 **Ⓑ** 上的标注点先用 3mm 钻头各钻一个穿破孔，再用 9mm 钻头扩大钻深 9mm 的外孔。

14 将钻孔加工好的木板 **Ⓐ** 及边板 **Ⓑ**，螺丝外孔朝外侧，先上胶粘合定位。

15 两侧各用四支（共八支）32mm 平头螺丝，将木板 **Ⓐ** 固定在边板 **Ⓑ** 上（红圈处）。

16 将底板 **Ⓒ** 放入结合好的木板 **Ⓐ** 及边板 **Ⓑ** 组合。

17 木板 **Ⓐ** 两侧各用两支（共四支）32mm 平头螺丝，将木板 **Ⓐ** 固定在底板 **Ⓒ** 上（红圈处）。边板 **Ⓑ** 两侧各用一支（共两支）32mm 平头螺丝，将边板 **Ⓑ** 固定在底板 **Ⓒ** 上（绿圈处）。

18 取十二颗木塞塞入两侧木板 **Ⓐ** 各六个（共十二个）螺丝孔内。

19 在木塞上垫一块木块，隔着木块用铁锤将木塞敲入螺丝孔，铁锤就不会伤到木板 **Ⓐ** 的表面。

20 如果木塞无法敲平，可以用美工刀削去突出的部分。

21 将木板 **Ⓐ** 上塞入木塞处打磨光滑。

22 其他棱角、锐边、粗糙面也一并打磨光滑，可以使用海绵砂纸搭配磨砂机，将内侧边角打磨光滑。

23 表面打磨光滑完成图。

24 先将已经完成的部分上一层蜂蜡。

25 如图，木板 **Ⓐ** 一侧的斜面不要上蜡，以备之后上木工胶粘合其他木构件。

26 裁切一块木块 **Ⓓ**，一侧用分度尺测量并画一条 45 度的标记线，再锯下木块。

27 将裁切好斜角的木块 **Ⓓ** 打磨光滑。

28 木块 **Ⓓ** 打磨光滑完成图。

29 在木板 **Ⓔ** 上量测标记四个角落螺丝固定点（见小木屋面纸盒扑满结构图），标注点先用 3mm 钻头钻穿破孔，再用 9mm 钻头扩大钻深 9mm 的外孔。

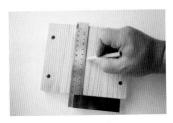

30 在木板 **Ⓔ** 水平与垂直线的中间点，标记 45 度 6mm 穿破孔定位点。

31 用 6mm 钻头以 45 度角在木板 **Ⓔ** 中心点垂直钻一个穿破孔。木块 **Ⓓ** 也钻一个直径 6mm、深 10mm 的垂直圆孔。以备之后用木钉做隐藏式接合。

32 将 3mm 长的木钉蘸木工胶插入木块 **Ⓓ** 上的垂直圆孔。

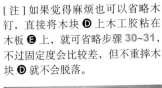

[注] 如果觉得麻烦也可以省略木钉，直接将木块 **Ⓓ** 上木工胶粘在木板 **Ⓔ** 上，就可省略步骤 **30~31**，不过固定度会比较差，但不重摔木块 **Ⓓ** 就不会脱落。

33 如果木钉不易插入木块 **Ⓓ** 上的垂直圆孔，可以用铁锤轻轻敲入。

34 将木块 **Ⓓ** 的 45 度角斜面及木钉上的木工胶抹匀。

35 将木块 **Ⓓ** 上的木钉，插入木板 **Ⓔ** 中央 45 度斜角的穿破孔内，也可以用铁锤轻敲入。

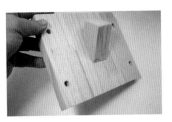

36 木块 **Ⓓ** 与木板 **Ⓔ** 粘合完成图。

37 将木板 **E** 放在步骤 **25** 未上蜡的斜面，接合处可以上少许木工胶粘合定位，用四支 32mm 平头螺丝固定木板 **E**。

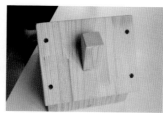

38 木板 **E** 固定完成图。

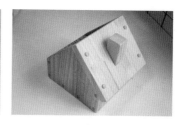

39 取四颗木塞塞入木板 **E** 上的四个螺丝孔内。

40 在木塞上垫一块木块，隔着木块用铁锤将木塞敲入螺丝孔。

41 将木板 **E** 表面打磨光滑。

42 测量强力磁铁的精准直径，为 10mm。钻孔孔径要小于木塞头直径才能卡紧，所以钻孔孔径设定为 9.5mm。

43 测量强力磁铁精准长度，为 10mm。钻孔深度要大于或等于磁铁长度，磁铁才不会突出外露，所以钻孔深度设定为 10mm。

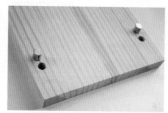

44 在木板 **F** 上测量标记强力磁铁嵌入孔（见小木屋面纸盒扑满结构图），用 9.5mm 钻头钻两个深 10mm 的圆孔。

45 在两个强力磁铁嵌入孔内抹一些木工胶。

46 在强力磁铁上垫一块木块，隔着木块用铁锤将两颗强力磁铁敲入木板 **F** 上的嵌入孔。

47 在木板 **F** 中间部位测量标记两个圆孔（见小木屋面纸盒扑满结构图），用 8mm 钻头钻两个穿破孔。

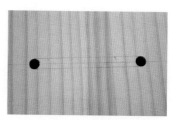

48 将两圆孔的上缘与下缘画直线连接起来。

49 将线锯机倒装，锯块穿过圆孔。

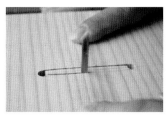

50 沿着步骤 **48** 绘制的两条直线内缘切锯。

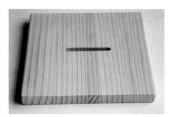

51 将步骤 **47** 钻的两个穿破孔拉锯成长条孔。

52 木板 **F** 中央的长条孔边缘，先用锉刀磨除毛边。

53 再用细砂纸将长条孔边缘打磨光滑。

54 将木板 **F** 嵌入强力磁铁的一面朝下，放在小木屋基座上，测量基座上要锁入铁钉的位置。定位后，两边先用 3mm 钻头各钻深 35mm 的孔，再锁入两根 32mm 平头螺丝（红圈处）。

55 将小木屋基座及木板 **F** 涂上蜂蜡保护。

56 各用四支（共八支）12mm 平头螺丝，搭配两个蝴蝶后钮，将木板 **F** 固定在小木屋基座上。

57 将不织布裁成一块爱心。

58 在心形不织布上贴双面胶。

59 发挥创意，使用其他不同颜色不织布与一些可爱小物，粘贴出简单的造型。

60 完成图。

61 当成面纸盒用的话，可以锯一块 66mm 边宽的等边三角形木块 **G** 放入。

62 放入小包面纸。

63 盖上木板 **F**，从储蓄罐零钱投入孔抽出面纸，即完成。

木工小教室

便宜又方便的 DIY 材料：不织布

不织布是一种高压成形或粘合生产的非线编织的布状物，在一般书店就能买到，材质特性虽然接近纸，但比纸类更具抗水性与抗污力。不织布有多种鲜艳的颜色，可以拿来跟孩子一起发挥创意，做彩色拼图块、动物布偶或布袋戏等都非常合适，而且价格十分便宜。

 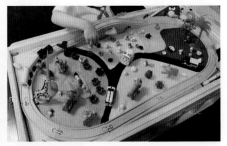

用不织布粘贴的"愤怒的小鸟玩具手提箱"。

用不织布做成的"小小动物园"。

留言板弹珠台

平时是留言板，翻过来就是古早味的弹珠台，
一物两用，是方便收纳的创意木作。

难度 ★★★☆☆

制作时间　入门 12～14hr

　　　　　熟练 8～10hr

翻到背面挂起来，就可以当成留言板
或挂钥匙使用。

我是个非常恋家的人。打从有记忆开始，每隔一段时间父母就要带着我搬家，他们从云林来台北打拼事业，前几年日子全家过得十分艰苦，印象中住的环境总是非常阴暗，后来听妈妈说起，才知道那段日子全家吃睡都窝在两张榻榻米大的空间里。有一回大舅北上来探望妈妈，回去跟其他亲戚说我们的住处比老家的猪舍还不如，阴暗拥挤就算了，下雨天还会漏水，后来在舅舅阿姨的集资下，才终于有了遮风蔽雨的房子。虽然那段时间的记忆不多，但我永远记得爸爸把我抱上搬家货车坐在前座中间，挥别老旧房子开往新家的画面。

终于拥有自己的家，是在我四岁那年，最高兴的莫过于寄住在乡下的哥哥姐姐终于可以搬来一起住了，因为多了两个靠山，我再不会被邻居追打欺负抢玩具了。虽然有了自己的家，但因为爸爸急着还亲戚们借我们的钱，加上有了房子后，原本住乡下的叔叔姑姑们也北上打拼暂住我们家，一下子开销增加不少，还好新家比以前租的房子大上二十倍，爸爸有更大的地方可以放木工材料工具，妈妈也在家中开起家庭裁缝铺，日子虽然清苦，但家里人多小孩子只会觉得热闹有趣。

一直以为会长久居住的家，缘分却只有短短二十年，因为父亲离世怕母亲触景伤情，家人商量后决定将房子卖掉，妈妈搬回云林有娘家亲戚做伴，哥哥两年后也申请调回云林服务，就近照顾母亲。姐姐嫁人后，跟我一样留在台北工作，还没成家的我过起四处租屋、居无定所的日子。因为经常要外出工作，每个住处对我来说就只是睡觉的地方。退伍工作七年内一共搬了九个地方，随身衣服杂物一直保持在三个旅行箱可以装完的状态，以便随时"跑路"。这段时间虽然游历过许多国家，但留下的纪念品只有明信片及钥匙圈，直到第八年因缘际会下，找到现在位于郊区山上的房子，我才终于有了能扎根的窝，并完成终身大事娶妻生子。

记得淇淇出生第三天，我们出院转到月子中心住半个月好让老婆休息。不管医院或月子中心，帮婴儿洗澡都是由护士代劳，我们每天傍晚只要等淇淇被洗得香香的推回房间逗她玩就好了。不过，好日子总是会结束的，虽然月子中心开班教新手妈妈怎么帮婴儿洗澡，但就像学开车一样，坐在车里握着方向盘听教练讲解，跟实际开上路是差很多的。回到老婆娘家的第一个晚上，夫妻俩只好硬着头皮，在十二月隆冬之际一起帮未满月的小婴儿洗澡，前几天的经历只能用"严峻的挑战"来形容，四只大手在小小的浴盆里外忙到不可开交，不敢用力快洗，怕伤到全身软趴趴的淇淇，又怕洗太慢会让她着凉，而且我发现似乎我们越慌张，淇淇就笑得越开心，两个大人居然在寒流来的晚上忙到大汗淋漓。

淇淇满月前这段时间我也没闲着，花了很多时间把家里房间重新粉刷成小鸭黄暖色系，家中也改装成没有危险角落的安全空间布置，连窗户也全换成不会吵到邻居的气密窗，接着就等待老婆和女儿回家。淇淇满月后，终于将母女接回温暖的家，我母亲见到了淇淇，从抱小孩安抚、泡奶喂奶到帮小孩洗澡都一手包办，事实证明，新手爸妈的战斗力完全比不上阿嬷的一根小手指头，老婆在我妈的指导下，一个人就能轻松地帮淇淇洗澡，而我又回到月子中心那样——等着洗完澡香喷喷的淇淇。

淇淇一岁会坐之后，洗完澡竟然开始耍赖不起来还想继续玩水，怕她着凉的硬汉就拿起水瓢帮她淋热水保温，不久，淇淇有天竟然开口指挥起她老爸要淋左边还是右边，从那天起硬汉就有预感，这辈子都会被女儿吃得死死的。

有了温柔的老婆跟可爱的女儿我更恋家了，星期天没出门的早上，我喜欢跟女儿在家玩各种游戏，接近中午到大卖场采买一周的食材，下午在家享受老婆在厨房烹煮美食、我做玩具给女儿玩的欢乐时光。家对每个人来说都是最温暖的避风港，所以开启家门的钥匙一定要妥善放置，简单做一个"留言板弹珠台"挂在门边，平时可以反挂起来当留言板挂钥匙用，另一侧还可以做成弹珠台让小孩玩乐，让家多些欢笑声。

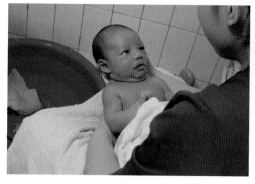

从月子中心返回老婆娘家的第一次洗澡，在吐奶且手忙脚乱中完成。

搬回家后，睡的小床也舒服许多，玩偶全部出动。

留言板弹珠台结构图

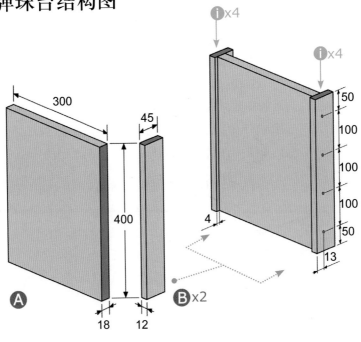

300

400

45

18   12

A

B×2

●×4

●×4

50
100
100
100
50

4

13

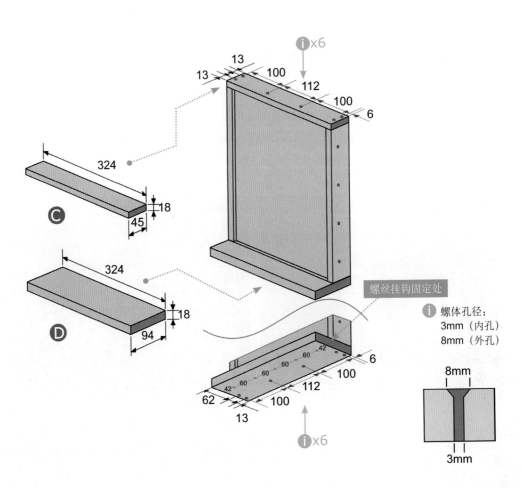

●×6

13
13
100
112
100
6

324

18
45

C

324

18
94

D

螺丝挂钩固定处

● 螺体孔径：
3mm（内孔）
8mm（外孔）

42
60
6
60
100
60
112
62   100
42
13

●×6

8mm

3mm

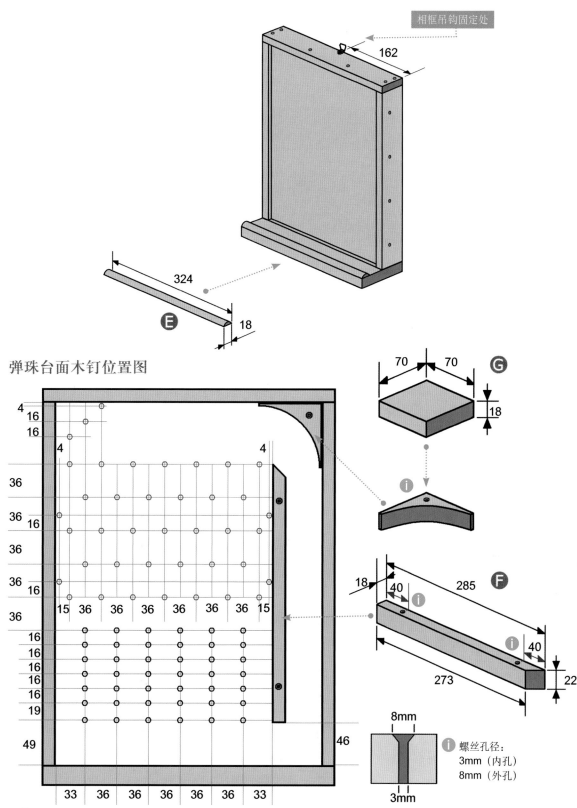

相框吊钩固定处

162

324

E

18

弹珠台面木钉位置图

70 70

G

18

4
16
16
4   4
36
36 16
36
36 16
36
15 36 36 36 36 36 36 15
16
16
16
16
16
19
49   46
33 36 36 36 36 36 33

i

18
40
285

F

273

40

22

8mm

3mm

i 螺丝孔径:
3mm (内孔)
8mm (外孔)

[注]
1. 弹珠台上方红色弹珠阻挡柱固定木钉的钻孔规格:孔径6mm、深度10mm。
2. 弹珠台上方红色弹珠阻挡柱也可以改成用小玩偶粘贴固定。

料件清单

料件代号	材料名称 + 规格	用量	备 注
Ⓐ	木板 400mm（长）×300mm（宽）×18mm（厚）	1	
Ⓑ	侧边条 400mm（长）×45mm（宽）×12mm（厚）	2	
Ⓒ	上边条 324mm（长）×45mm（宽）×12mm（厚）	1	
Ⓓ	下边条 324mm（长）×94mm（宽）×18mm（厚）	1	
Ⓔ	18mm 半圆形护边木条 324mm（长）	1	
Ⓕ	木条 285mm（长）×22mm（宽）×12mm（厚）	1	
Ⓖ	木块 70mm（长）×70mm（宽）×18mm（厚）	1	
Ⓗ	木条 245mm（长）×45mm（宽）×12mm（厚）	1	
无	软木片 400mm（长）×300mm（宽）×4mm（厚）	1	
无	32mm 平头螺丝	23	
无	木钉 30mm（长）×6mm（直径）	42~82	如果使用玩偶，只需42个即可。
无	螺丝挂钩	5	
无	双面胶	些许	
无	12mm 平头螺丝	1	
无	相框吊钩	1	
无	玩偶	10	
无	亚克力板 200mm（长）×30mm（宽）×5mm（厚）	1	广告牌店可代客裁切，也可以用小塑料尺替代。
无	弹珠	10	

❖ 使用工具：线锯机、电钻（3mm/6mm/8mm 钻头）、十字起子、铁锤、美工刀、磨砂机
❖ 使用物件或五金零件：

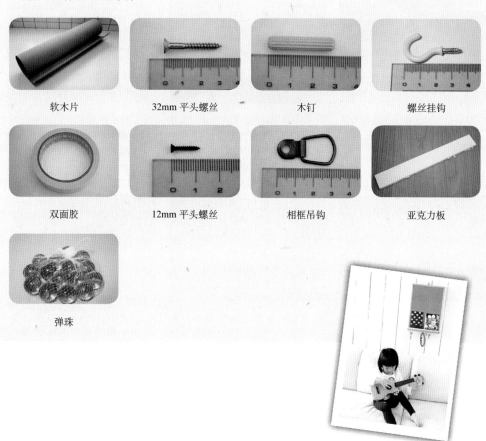

软木片　　　32mm 平头螺丝　　　木钉　　　螺丝挂钩

双面胶　　　12mm 平头螺丝　　　相框吊钩　　　亚克力板

弹珠

🔨 制作步骤

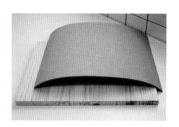

1 裁切好留言板弹珠台主结构所需的木板 Ⓐ、侧边条 Ⓑ 两根、上边条 Ⓒ 一根、下边条 Ⓓ 一根。

2 展开软木片，将木板 Ⓐ 放到软木片上对齐边缘，沿着木板 Ⓐ 边缘将软木片割下。

3 软木片因为卷曲久了会呈弯曲状态，之后粘在木板上就会平贴了。

4 各木构件的表面先用砂纸打磨光滑。

5 将木板 A 跟软木片合在一起测量厚度，取整数是 22mm，而木板 A 的一半厚度是 9mm，所以从软木片底部到木板 A 侧面中间点的距离是 13mm（22-9=13）。

6 于侧边条 B、上边条 C、下边条 D 距离下方边缘 13mm 处，钻螺丝固定孔。

7 将软木片压在木板 A 下方。

8 将侧边条 B 与木板 A 先用木工胶粘合定位。

9 使用四支 32mm 平头螺丝将侧边条 B 固定在木板 A 两侧长边上。重复步骤 8~9，将另一支侧边条 B 固定在木板 A 另一侧长边上。

10 依照步骤 8~9 的做法，各用六支 32mm 平头螺丝将一根上边条 C 及下边条 D 固定在木板 A 两侧短边上。

11 裁切一条与下边条 D 相同长度的半圆形护边木条 E。

12 将半圆形护边木条 E 底部抹上木工胶，粘在下边条 D 的边缘位置，当成挡片。

13 在弹珠台侧的木板 A 上，测量标记木钉的定位点，做成弹珠间隔（见弹珠台面木钉位置图）。

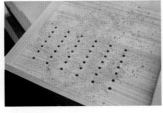

14 用 6mm 的钻头将木钉的定位点钻出 10mm 深的孔。

15 将留言板弹珠台的所有棱角及钻孔面打磨光滑。

16 裁切一根木条 **F**，如图将上端裁切成 45 度角，将除底面外的表面打磨光滑。

17 在木条 **F** 距离上下端各 40mm 的位置，用 3mm 钻头钻穿破孔，再用 8mm 钻头扩沉头孔，在木条 **F** 底部抹上木工胶，粘在如图位置当弹珠槽板。

18 使用两支 32mm 平头螺丝将木条 **F** 固定在木板 **A** 上。

19 用线锯机将木块 **G** 裁去半径 70mm 的 1/4 圆，做成曲线弧度的边缘导板。

20 用 3mm 钻头在木块 **G** 上钻穿破孔，再用 8mm 钻头扩沉头孔。

21 将表面打磨光滑后，在木块 **G** 的底面及两侧平面抹上木工胶。

22 将木块 **G** 粘在弹珠台侧木板 **A** 的右上角，如果木块 **G** 的两侧翘起，可以用夹子加压固定。

23 等待木块 **G** 的木工胶干燥时，用橡皮擦去木构件上的铅笔线。

24 使用 32mm 平头螺丝将木块 **G** 固定在木板 **A** 上。

25 弹珠台正反面涂抹上一层蜂蜡做保护。

26 将四十二支木钉用铁锤钉在木板 **A** 上的钻孔内。

27 间隔弹珠的木钉隔墙完成图。

28 　裁切一根木条 🅗 并将各棱角、锐边、粗糙面都打磨光滑。

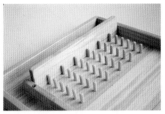

29 　用蜂蜡涂抹木条 🅗 做保护，装在木钉隔墙倒数第一与第二排间，当成弹珠挡板。

30 　翻到弹珠台另一面，在下边条 🅓 的底面距边缘 30mm 处，用铅笔于两端做标记。

31 　用直尺连接两端标注点后，在直线上标出五个点（位置见留言板弹珠台结构图），用中心冲分别将五个点压击出定位孔。

32 　将五个螺丝挂钩锁在下边条 🅓 底面五个点上。

33 　将双面胶粘在背板上。

34 　撕下双面胶背胶贴上软木片。

35 　用 12mm 平头螺丝将相框吊钩固定在上边条 🅒 后方中央。

36 　将亚克力板的尖角与锐边打磨光滑。

37 　粘上橡皮玩偶，放上弹珠，即完成。

38 　不玩时可以将木条 🅗 和亚克力板收纳在如图位置。

39 　利用双面胶将橡皮玩偶粘贴在弹珠台面上，通过弹珠的撞击，将玩偶撞倒，倒下来的玩偶就可以当成奖品，还可以随时更换不同的主题风格。

木工小教室

让做木工更方便的钳子

常用的有虎头钳、尖嘴钳、斜口钳，需要夹持、剪断、折弯五金件时相当好用。加工一些细小物件时，用来夹着物件，也可以避免手指受伤。

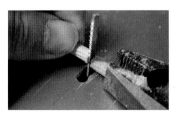

要锯开木钉时，用钳子夹住另一端，就可以避免木钉移位。

虎头钳　　尖嘴钳　　斜口钳

可以当玩具的安全文具"iwako 可爱橡皮"

得过日本最具魅力礼品奖及工艺奖金赏奖，由日本 iwako 公司设计，使用环保材料制作的橡皮，不但不含化学物质 PVC（聚氯乙烯），还有多种可爱造型，如动物、蔬菜、海洋生物、交通工具、球类、西式点心及便当餐点等。

iwako 橡皮除了造型惟妙惟肖且实用外，还可以让小朋友当成家家酒的玩具，安全质量更可以让小朋友安心把玩。

三只小猪面纸架

转动摇杆，三只小猪的房子就会上下摆动，
将童话故事结合生活用品，能启发孩子的创意。

难度 ☆☆☆☆☆

制作时间　入门 16～18hr
　　　　　熟练 10～12hr

淇淇从小就很喜欢"拈花惹草",在她三岁半的夏天,我们安排了一趟八天七夜的日本北海道自由行,打算让爱花的淇淇可以一睹北海道盛开的花海,沉浸在万紫千红的浪漫幸福之中。旅程中途,我们租车前往以薰衣草闻名的美瑛与富良野,计划三天的深度旅游。从没看过大片花海的淇淇,果然一抵达富田农场,立即兴奋地欢呼起来:"哇!妈妈你看好多花喔!""真的好漂亮哟!"每片花海前总是能听见淇淇用高八度的稚嫩声音惊呼连连。当我们走进一大片花海中的小径时,淇淇却突然安静了下来,我略感奇怪地低头看了看她,只见淇淇有些浑然忘我,眼前这一大片薰衣草随着风的吹拂摇摆律动,艳阳下的薰衣草花海像海浪般摇曳着紫色波浪,花的香气就像无形的浪潮般,一阵阵朝我们袭来,这时候淇淇反复将小手举起片刻又放下,我突然想起刚才嘱咐她,看到薰衣草后只能用鼻子闻不能用手摸,这个乖小孩就这样在听话跟好奇中反复挣扎了好几回,于是觉得好笑的硬汉给她下了一道特赦的圣旨:"只能用手心轻轻碰一下喔!"如释重负的淇淇马上小心翼翼地捧着一小束薰衣草将鼻子凑过去闻几下,这时候身为父亲的硬汉突然又烦恼了起来——不知道哪天会出现一个混小子,捧着一束浪漫的薰衣草来骗走我那多愁善感的宝贝女儿……正当硬汉眉头深锁、忧心忡忡时,耳边传来一句稚嫩儿语:

"爸爸,我想要吃薰衣草冰淇淋!"

女儿的一句话,把我从烦恼的深渊暂时拉了回来,买个仿佛正在释放浪漫音符的薰衣草冰淇淋给女儿解馋,看着女儿欢天喜地的模样,唉!没想到薰衣草竟然可以让我如此百感交集啊!

北海道的著名景点很多,美食更是多如繁星不可胜数。从富良野回到札幌的隔天,我们从下榻的饭店搭地铁前往白色恋人巧克力工厂,这里就像是游乐园一般,室内有玩具展示,室外还有迷你小木屋、游园小火车及音乐玩偶嘉年华表演,正当硬汉放松心情看着高处的玩偶表演时,没想到淇淇指着一旁花圃几个会动的玩偶说:"爸爸,我想要那个!"而我也随口回道:"好啊,去跟妈妈说!"一旁老婆冷冷道:"你看到她指什么吗?"硬汉回头一看——三只小猪!

回台湾后,女儿隔三差五就问硬汉什么时候做"三只小猪"给她。身为硬汉既然言出就要必行,但一直没有灵感,只好一天拖过一天,拖到后来连女儿都忘了。两个月后的某日,在外面用餐时突然内急,上完厕所看到放置面纸盒的架子突然灵光一现,来做一个最摇摆的"三只小猪面纸架"吧!

三只小猪面纸架结构图

小房屋部件结构图

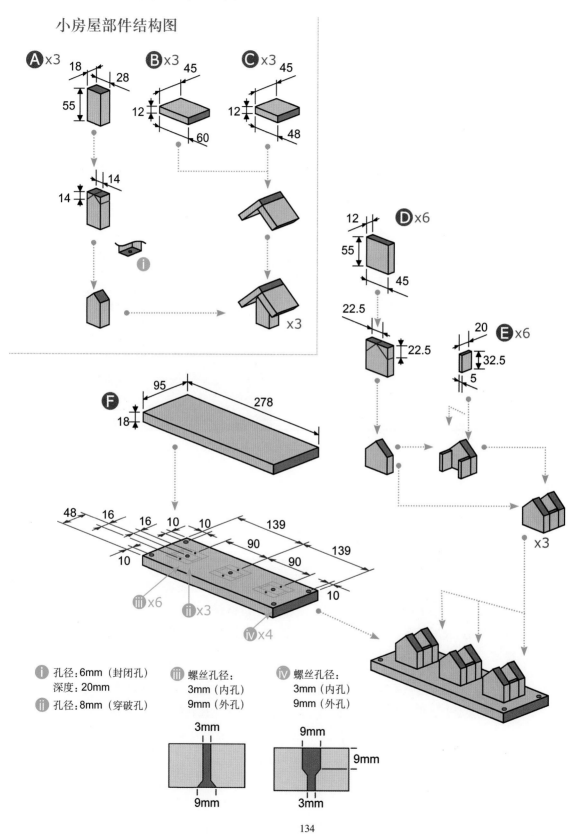

A x3
18
28
55

B x3
45
12
60

C x3
45
12
48

14
14

i

x3

D x6
12
55
45

22.5
22.5

E x6
20
32.5
5

F
95
278
18

48
16
16
10
10
139
90
139
10
90
10

iii x6
ii x3
iv x4

x3

i 孔径:6mm (封闭孔)
　深度:20mm

ii 孔径:8mm (穿破孔)

iii 螺丝孔径:
　3mm (内孔)
　9mm (外孔)

iv 螺丝孔径:
　3mm (内孔)
　9mm (外孔)

3mm
9mm

9mm
9mm
3mm

框架主结构图

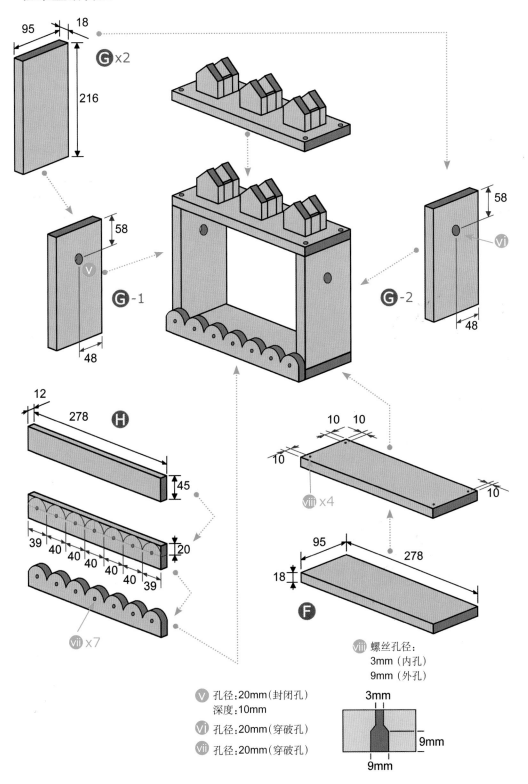

95 18

G ×2

216

58

G-1

v

48

58

vi

G-2

48

12

278

H

45

39 40 40 40 40 40 39

20

vii ×7

10 10

10

viii ×4

10

95 278

18

F

viii 螺丝孔径:
3mm(内孔)
9mm(外孔)

v 孔径:20mm(封闭孔)
深度:10mm

vi 孔径:20mm(穿破孔)

vii 孔径:20mm(穿破孔)

3mm

3mm

9mm

9mm

非对称凸轮轴部件结构图

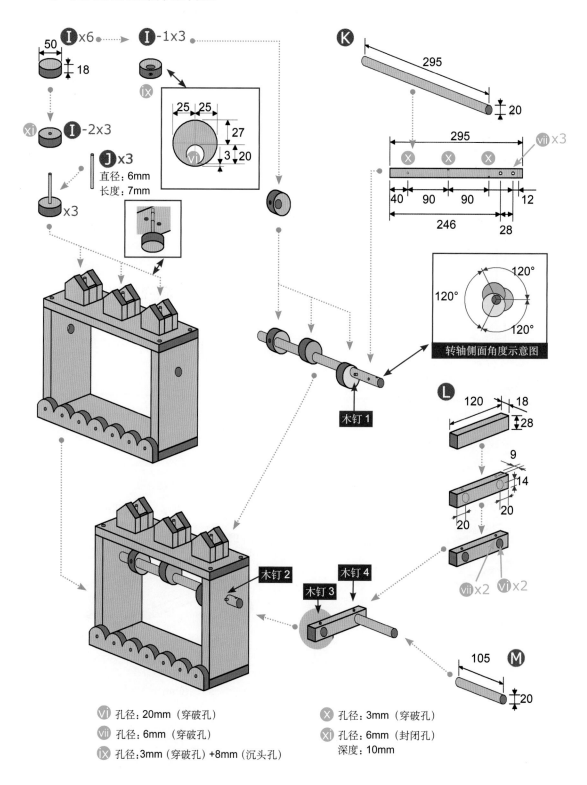

50

I ×6 - - - - ▶ **I** -1×3

18

ⅸ

25 25

27

3 20

ⅵ

I -2×3

ⅺ

J ×3

直径: 6mm
长度: 7mm

×3

木钉 1

K

295

20

295   ⅶ×3

Ⓧ   Ⓧ   Ⓧ

40   90   90   12

246   28

120°

120°

120°

120°

转轴侧面角度示意图

L

120   18

28

9

14

20

20

ⅶ×2 ⅵ×2

木钉 4

木钉 3   木钉 2

105 **M**

20

ⅵ 孔径: 20mm (穿破孔)

ⅶ 孔径: 6mm (穿破孔)

ⅸ 孔径: 3mm (穿破孔) +8mm (沉头孔)

Ⓧ 孔径: 3mm (穿破孔)

ⅺ 孔径: 6mm (封闭孔)
深度: 10mm

屋顶配件结合图

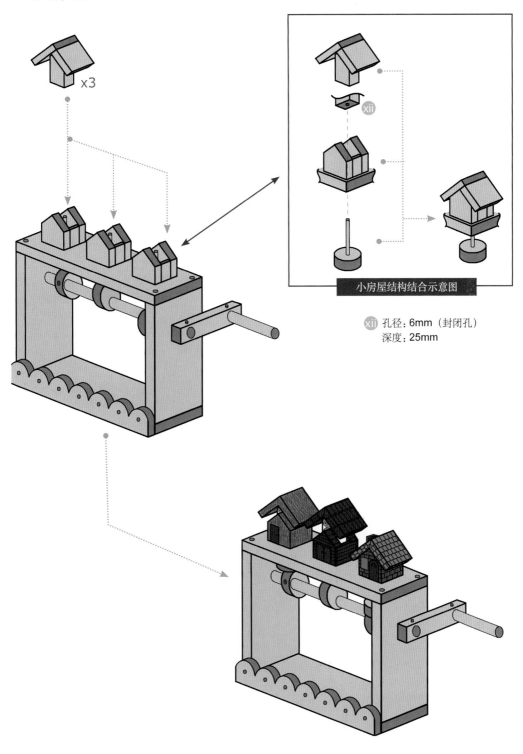

小房屋结构结合示意图

xii 孔径：6mm（封闭孔）
深度：25mm

料件清单

料件代号	材料名称 + 规格	用量	备 注
Ⓐ	木块 55mm（长）×28mm（宽）×18mm（厚）	3	
Ⓑ	木片 60mm（长）×45mm（宽）×12mm（厚）	3	
Ⓒ	木片 48mm（长）×45mm（宽）×12mm（厚）	3	
Ⓓ	木片 55mm（长）×45mm（宽）×12mm（厚）	6	
Ⓔ	木片 32.5mm（长）×20mm（宽）×5mm（厚）	6	
Ⓕ	木板 278mm（长）×95mm（宽）×18mm（厚）	2	
Ⓖ	木板 216mm（长）×95mm（宽）×18mm（厚）	2	
Ⓗ	木条 278mm（长）×45mm（宽）×12mm（厚）	1	
Ⓘ	圆木块 50mm（直径）×18mm（厚）	6	
Ⓙ	圆竹枝 70mm（长）×6mm（直径）	3	可以用竹筷裁切
Ⓚ	圆木棍 295mm（长）×20mm（直径）	1	用 300mm 长圆木棍裁切
Ⓛ	木条 120mm（长）×28mm（宽）×18mm（厚）	1	
Ⓜ	圆木棍 105mm（长）×20mm（直径）	1	用 300mm 长圆木棍裁切
无	20mm 铁钉	6	
无	32mm 平头螺丝	20	
无	木塞	11	
无	木钉	4	
无	相框吊钩	2	
无	12mm 平头螺丝	2	

✤ 使用工具：线锯机、电钻（3mm/6mm/8mm/9mm/20mm 钻头）、锤子、十字起子、磨砂机

✤ 使用物件或五金零件：

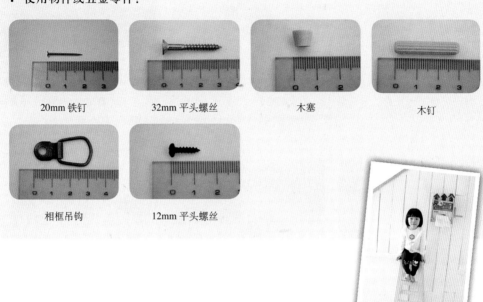

20mm 铁钉　　　　32mm 平头螺丝　　　　木塞　　　　木钉

相框吊钩　　　　12mm 平头螺丝

小房屋部件制作步骤

1 裁切好小房屋部件结构，一组的零件有木块 Ⓐ 一块、木片 Ⓑ 一片、木片 Ⓒ 一片、木片 Ⓓ 两片、木片 Ⓔ 两片，共准备三组。

2 将各木件表面打磨光滑。

3 将加工好的木片 Ⓒ 木口面抹上木工胶。

4 将木片 Ⓑ 与木片 Ⓒ 粘合定位。

5 用两支 20mm 铁钉将木片 Ⓑ 与木片 Ⓒ 钉合固定。

6 在木块 Ⓐ 顶端斜面抹上木工胶。

7 将木块 Ⓐ 与木片 Ⓑ、木片 Ⓒ 粘合。

8 重复步骤 3~7，完成三组屋顶组。

9 在木块 Ⓐ 底部中央钻一个直径 6mm、深 25mm 的封闭孔。

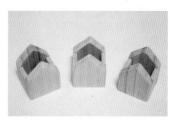

10 将两片木片 Ⓔ 的侧面抹上木工胶与木片 Ⓓ 粘合。

11 在两块木片 Ⓔ 另一端面也抹上木工胶，另一侧粘合一块木片 Ⓓ，用夹子夹紧固定。

12 重复步骤 9~11，完成三组。

🪓 框架主结构制作步骤

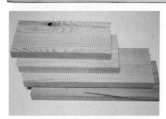

13 裁切框架的主结构零件，包含木板 Ⓕ 两块、木板 Ⓖ 两块。

14 在两块木板 Ⓖ 上测量绘制要钻孔的位置（见框架主结构图），用 20mm 钻头钻孔。

15 一块钻穿破孔，一块钻封闭孔。

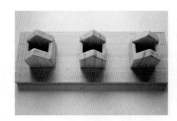
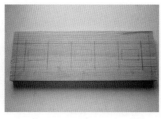
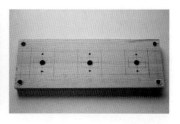

16 在一块木板 Ⓕ 上测量绘制小房屋的固定位置。绘制时，可以放上小房屋协助标示。

17 做成上支撑板的木板 Ⓕ 绘制完成。

18 钻孔加工（见小房屋部件结构图）。

19 将两块木板 **F**、两块木板 **G** 各棱角、锐边、粗糙面打磨光滑。

20 在两块木板 **G** 底面抹上木工胶。

21 将两块木板 **G** 与另一块木板 **F** 先粘合。

22 翻面，用四支 32mm 平头螺丝将木板 **F** 与两块木板 **G** 锁附固定。

23 在步骤 **12** 做好的小房屋底面抹上木工胶。

24 将底面上胶的小房屋粘在步骤 **17** 画好标示的木板 **F** 上。再粘上另外两个小房屋。

25 每个小房屋用两支（共六支）32mm 平头螺丝固定在木板 **F** 上，螺丝锁付前先用 3mm 钻头在小房屋底部钻孔，以免木板破裂。

26 在两块木板 **G** 的木口面抹上木工胶。

27 将步骤 **23~25** 加工好的木板 **F** 放上木板 **G**，用四支 32mm 平头螺丝将木板 **F** 与两块木板 **G** 锁附固定。

28 用八颗木塞将上下两片木片 **E** 上的螺丝孔塞住，并以锤子敲平。

29 将框架主结构各棱角、锐边、粗糙面打磨光滑。

30 在面纸盒前挡块的木条 **H** 上绘制要裁切的部分（见小房屋部件结构图）。

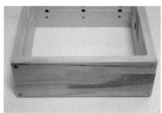

31 使用电钻与线锯机在木条 **Ⓗ** 上加工出圆孔与弧线。

32 在框架主结构正面下方（红框处）抹上木工胶。

33 将木条 **Ⓗ** 对齐左、右、下三边，贴在框架主结构上。

34 用三支 32mm 平头螺丝将木条 **Ⓗ** 锁附固定。

35 用三颗木塞将木条 **Ⓗ** 上的螺丝孔塞住，并以锤子敲平。

36 将木条 **Ⓗ** 打磨光滑。

🔨 轮轴部件制作步骤

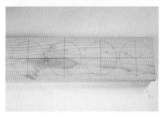

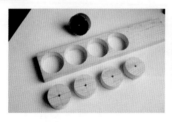

37 准备一块长度超过 400mm、宽 70mm、厚 18mm 的木条。

38 用带钻头的圆穴锯取三个圆木块 **Ⓘ**（有中心孔作为圆木块 **Ⓘ**-1 使用），可以多裁一块作为耗损时的备用。再用不带钻头的圆穴锯取三个圆木块 **Ⓘ**（无中心孔作为圆木块 **Ⓘ**-2 使用）。

39 用直角规在三个有中心孔的圆木块 **Ⓘ**-1 上，画两条穿过圆心的直角相交线。

40 如图位置，用 20mm 钻头钻一个穿破孔。

41 在 20mm 穿破孔的外侧侧边，画一条对齐圆心的直线。

42 在步骤 **41** 绘制的侧边直线上取出中心点。

43 绘制完成的侧面中心点。

44 用 3mm 钻头对准侧面中心点钻深 40mm 的封闭孔（穿越正面 20mm 开放孔），再用 8mm 钻头在 3mm 圆孔上扩沉头孔并打磨光滑，完成圆木块 **I**-1。

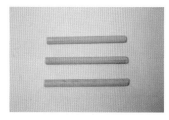

45 取三段长 70mm 圆竹枝 **J**。

46 测量圆竹支 **J** 的直径，约 6mm。

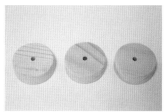

47 在三个没有中心孔的圆木块 **I** 圆心钻直径 6mm、深 10mm 的封闭孔，并打磨光滑，完成圆木块 **I**-2。

48 在圆木块 **I**-2 的圆孔内点入一点木工胶，再插入三支圆竹枝 **J** 粘合。

49 用 20mm 钻头在木条 **L** 中线两端距边 20mm 处钻两个穿破孔，钻大孔时可以双面取孔，以免另一面木面损伤。

50 木条 **L** 两端 20mm 钻孔加工完成。

51 将木条 **L** 各棱角、锐边、粗糙面打磨光滑。

52 将圆木棍 **K** 先穿过右侧木板 **G**-2 上的穿破孔，另一端卡在左侧木板 **G**-1 上的 10mm 深封闭孔内。

53 转动圆木棍 **K**，用铅笔沿木板 **G** 内壁在圆木棍 **K** 上画一圈。

54 继续转动圆木棍 **K**，用铅笔沿木板 **G** 外壁在圆木棍 **K** 上也画一圈。

55 于圆木棍 Ⓚ 上画的两圈外侧 5mm 处各标记一点。

56 用 6mm 钻头将步骤 55 标记的两点钻垂直贯穿的穿破孔。

57 将木条 Ⓛ 穿入圆木棍 Ⓚ，边缘对齐圆木棍 Ⓚ 外侧 6mm 穿破孔，在木条 Ⓛ 侧面中线距离边缘 20mm 处标记一点（红圈处）。

58 用 6mm 钻头将步骤 57 标记的点钻垂直贯穿的穿破孔，另将圆木棍 Ⓚ 外侧突出部位用铅笔标注。

59 取出木条 Ⓛ，锯子沿着红色箭头标示的线，锯除突出的部分。

60 将圆木棍 Ⓜ 穿过木条 Ⓛ 另一侧 20mm 的圆孔，棍端与木面齐平。在木条 Ⓛ 侧面中线距离边缘 20mm 处标记一点（红圈处）。

61 用 6mm 钻头将步骤 60 标记的点钻垂直贯穿的穿破孔。

62 将一支木钉钉入圆木棍 Ⓚ 在步骤 56 钻出的外侧圆孔。

63 将木条 Ⓛ 装入圆木棍 Ⓚ，将一支木钉钉入木条 Ⓛ 在步骤 58 钻出的圆孔，木钉会贯穿圆木棍 Ⓚ。

64 如图将圆木棍 Ⓜ 装入木条 Ⓛ 另一端，将一支木钉钉入木条 Ⓛ 在步骤 61 钻出的圆孔，木钉会贯穿圆木棍 Ⓚ。

65 将所有部件上蜡或上漆保护。

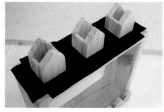

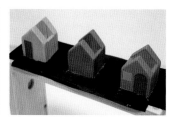

66 用粘性不强的纸胶带沿着小房屋底部绕一圈贴住，再将小房屋以外的部位上漆或上蜡保护。

67 将小房屋上的胶带撕下，再用纸胶带将小房屋以外的上侧面贴住。

68 依序将小房屋涂上土黄、咖啡、橘红三种颜色，代表三只小猪住的茅草屋、木屋和砖屋的底色。

69 再仔细画上茅草、木板、砖块、门和窗户。

70 在三个屋顶上涂上土黄、咖啡、灰色三种颜色，可以自行发挥创意，在屋顶上贴个小木块代表烟囱。

71 再仔细画上茅草、木板、屋檐。

72 在屋顶组下的木条画上三只小猪。

73 将圆木块 **❶**-2 组从下方穿过上支撑板木板 **❺** 上的8mm圆孔。

74 依序将三组圆木块 **❶**-2 组都装上。

75 将圆木棍 **❻** 穿过右侧木板 **❻**-2 上的穿破孔。

76 如图，将三个圆木块 **I**-1 穿入圆木棍 **K**。

77 左侧木板 **G**-1 上 10mm 深的封闭孔内可以抹上一些蜂蜡润滑。

78 将圆木棍 **K** 另一端卡在左侧木板 **G**-1 上的封闭孔内。

79 将一支木钉钉入步骤 **56** 在圆木棍 **K** 上钻出的内侧圆孔，将手摇转轴组固定在框架上。

80 将穿入圆木棍 **K** 的三个圆木块 **I**-1 放到最低点。

81 将三个屋顶组与房屋颜色配对组合，圆木块 **I**-2 上直径 6mm 的圆竹支 **J** 插入屋顶组下方直径 6mm 的圆孔内。

82 组合完成。

83 将手摇把转到三点钟位置用夹子固定。

84 将第一个圆木块 **I**-1 移到左侧圆木块 **I**-2 组的正下方，将圆木块 **I**-1 上的螺丝孔朝上，用 3mm 钻头穿过圆木块 **I**-1 螺丝孔在圆木棍 **K** 上钻一个穿破孔。

85 用一支 32mm 平头螺丝将圆木块 **I**-1 固定在圆木棍 **K** 上。

86 将手摇把从三点钟位置顺时针转 120 度，如上图位置，用夹子固定。

87 重复步骤 **85~86**，将第二个圆木块 **I**-1 用一支 32mm 平头螺丝固定在中央圆木块 **I**-2 组下方的圆木棍 **K** 上。

88 将手摇把从三点钟位置逆时针转 120 度，回到如上图位置，用夹子固定。

89 重复步骤 **84～85**，将第三个圆木块 **❶**-1 用一支 32mm 平头螺丝固定在右侧圆木块 **❶**-2 组下方的圆木棍 **❸** 上。

90 用两根 12mm 平头螺丝将相框吊钩固定在框架后方上支撑板上，左右位置视壁挂位置做调整。

91 可以再发挥点创意，加些趣味的装饰木件。

92 从后方装入面纸盒，即完成。

木工小教室

让做木工更方便的白板

做木工需要先草构设计图，制作中还需要做些计算加上标注，并随时修改作品的设计与尺寸，这时候准备一块大白板和黑、红、蓝、绿四色白板笔会相当方便。平时没做木工时，也可以当成家里的备忘记事栏或小孩的图画板。

对战球台

可以共玩的足球对战球台，能培养孩子分享的观念；
背面则是实用的 DVD 收纳架。

放假时间只要不安排出游，硬汉就会趁淇淇早上起床前、下午午睡、晚上上床睡觉的时间窝进工作室，或构思创意，或尝试新结构，或看木工技术影片及文件，整日转着脑筋想着如何做出新的玩具给女儿惊喜，平均约三个礼拜就会做出一件。有网友询问我创意能源源不绝的秘诀是什么？

硬汉想了想，觉得可以用两个字来简单回答：
第一个字，就是硬汉对淇淇的"爱"。
第二个字，就是淇淇对硬汉的……（见右图中的字）。

从跟老婆计划要生小孩开始，我就一直希望有个女儿，我想要女儿常常黏着我、向我撒娇的感觉，而淇淇也不负期望，甜的程度堪比蜜糖、黏的功力直逼强力胶。虽然生女儿是如此地贴心，但在所有父亲心中总是埋了三颗打出娘胎就开始计时的定时炸弹：发育期、交男友、结婚。三颗定时炸弹中的后两颗还要十几二十多年才会引爆，但第一颗大约在女孩十一到十二岁左右就会让当父亲的遍体鳞伤，女儿到了小学四五年级跟父亲的互动就会开始尴尬，因为不好再像女儿年幼时那般，想到就抱起来亲吻、挠胳肢窝抓痒、捏屁股开玩笑，每当想到这点，硬汉就不禁在心里打起算盘，盘算着还剩多少时间可以跟淇淇肆无忌惮尽情玩耍。因为是如此地爱淇淇，硬汉夫妻在爱的表现形式上，常处在完全无节制的给予与战战兢兢收敛的拉锯状态，总是担心疼爱过度会对小孩人格特质产生不良的影响，所以硬汉跟老婆常互相约制，你不许我买这个，我不许你买那个。硬汉希望淇淇将来能成为独立勇敢、自信幽默的女孩，很多事情我们都要求让淇淇自己动手，像是出外吃饭、走路、背背包等从很小的时候就要自己做，走在路上跌倒了，只要没有破皮流血我们也会强忍住想一把抱起亲亲秀秀的冲动，若无其事地要她自己起身拍去身上的灰尘。为了让女儿从小能在失败与挫折中磨炼出吃苦的勇敢，硬汉从不让淇淇看迪士尼的公主系列动画，反倒是内容强调苦干实干的《托马斯和他的朋友们》让她看了不少，淇淇出生前我甚至在博客写下愿望，希望女儿长大能是个可以打败魔王、解救王子的"罗拉公主"（看过《古墓丽影》的读者应该都知道罗拉是谁）。

要让独生子女养成分享的习惯，是很难但又不能省略的课程，曾在网络上看过一篇内容大意是"被逼着分享的分享不是分享，其实是抢夺"的文章，论点言之有理，连硬汉也觉得茅塞顿开受用良多。不过我们都知道，吝于分享的小孩是很难交到好朋友的，但有一天硬汉想到了解决的办法。淇淇有不少玩具，硬汉每隔一段时间就会轮流收起某部分她最喜欢的玩具，失踪的理由是——"那些玩具换谁谁谁玩了"，新做或新买的玩具则会跟她说——"这些玩具是谁谁谁借你玩的"，让她不知不觉中养成爱惜玩具并习惯"玩具要交换玩"的观念。能轮流玩当然是很好的分享观念，但硬汉觉得最好的分享则是能一起玩，好朋友的情感就是建立在共同做一件事之上。"对战球台"就是要两人一起玩的玩具，当家里没有小孩来时，父母就要陪小孩玩，强迫自己离开电视或电脑；平常不玩时，也可以当 DVD 收纳架。

对战球台结构图

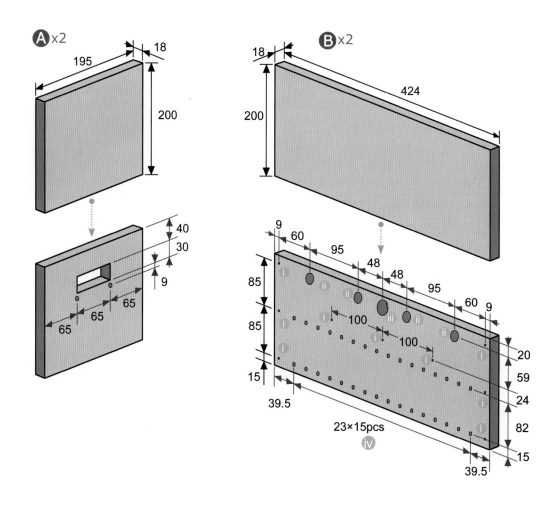

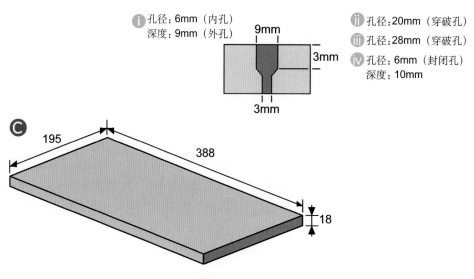

Ⓐx2
195
18
200

Ⓑx2
18
424
200

40
30
9
65
65
65
65

9
60
95
48
48
95
60
9
85
ⅰ
ⅱ
ⅱ
ⅲ
ⅱ
ⅰ
100
85
ⅰ
ⅰ
ⅱ
100
ⅰ
ⅰ
15
ⅰ
39.5
23×15pcs
ⅳ
39.5
20
59
24
82
15

ⅰ 孔径：6mm（内孔）
　深度：9mm（外孔）

ⅱ 孔径：20mm（穿破孔）
ⅲ 孔径：28mm（穿破孔）
ⅳ 孔径：6mm（封闭孔）
　深度：10mm

9mm
3mm
3mm
3mm

Ⓒ
195
388
18

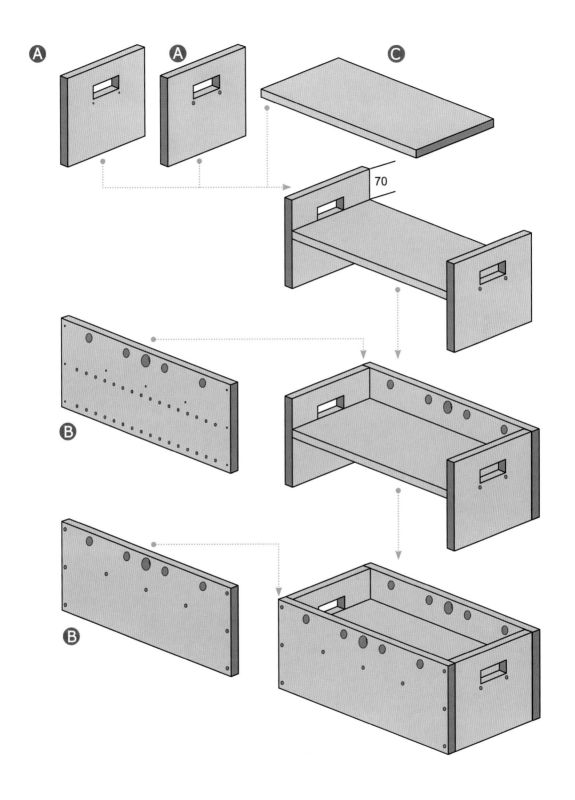

70

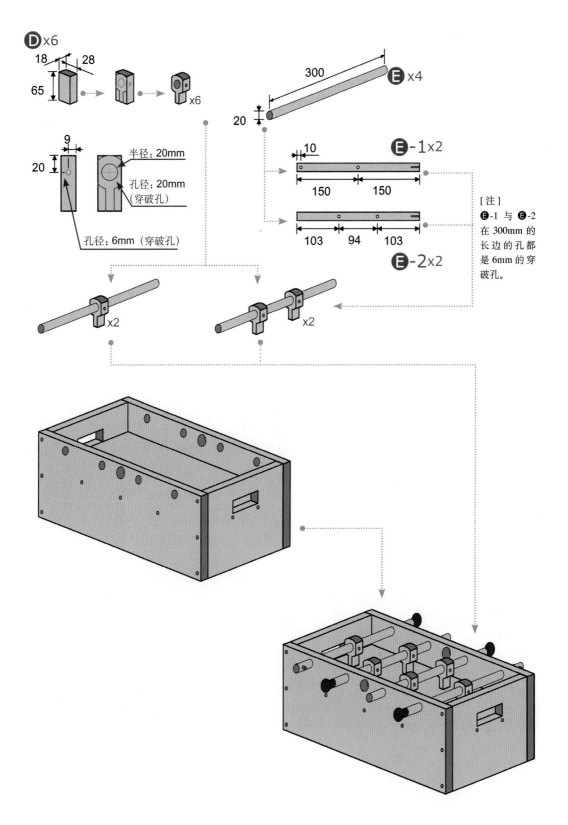

D ×6

18 28

65

×6

9

20

半径：20mm

孔径：20mm
（穿破孔）

孔径：6mm（穿破孔）

300

E ×4

20

10

E-1 ×2

150 150

103 94 103

E-2 ×2

×2

×2

[注]
E-1 与 **E**-2
在 300mm 的
长边的孔都
是 6mm 的穿
破孔。

✂ 料件清单

料件代号	材料名称 + 规格	用量	备 注
Ⓐ	木板 195mm（长）×200mm（宽）×18mm（厚）	2	
Ⓑ	木板 424mm（长）×200mm（宽）×18mm（厚）	2	
Ⓒ	木板 388mm（长）×195mm（宽）×18mm（厚）	1	
Ⓓ	木块 65mm（长）×28mm（宽）×18mm（厚）	6	
Ⓔ	圆木棍 300mm（长）×20mm（直径）	4	
无	32mm 平头螺丝	22	
无	木塞	22	
无	椭圆形木头抽屉把手组	4	
无	木钉	72	弹珠台结构 ×8/DVD 架支撑 ×64

✤ **使用工具**：线锯机、电钻（3mm/6mm/9mm/20mm/28mm 钻头）、锤子、十字起子、虎头钳、磨砂机

✤ **使用物件或五金零件：**

32mm 平头螺丝

木塞

木钉

圆形木头抽屉把手组

1 裁切好对战球台主结构所需的木板 Ⓐ 两块、木板 Ⓑ 两块、木板 Ⓒ 一块。

2 在木板 Ⓐ 上量测绘制出要裁切的部分，使用电钻与线锯机加工方形缺口与 3mm 穿破孔（见对战球台结构图）。

3 木板 Ⓐ 的外侧面再用 9mm 钻头将 3mm 螺丝孔扩大钻深成 9mm 的外孔。

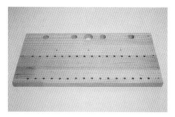

4 用砂纸将木板 Ⓐ 方形缺口边缘的毛边打磨光滑。

5 在木板 Ⓑ 上量测绘制要钻孔加工的位置（见对战球台结构图）。

6 钻孔加工好的木板 Ⓑ 内侧面。

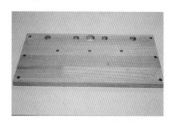

7 钻孔加工好的木板 Ⓑ 外侧面，共制作两块。

8 如图用两支 32mm 平头螺丝将木板 Ⓐ 固定在木板 Ⓒ 一侧。

9 重复步骤 8 将第二块木板 Ⓐ 固定在木板 Ⓒ 的另一侧。

10 放上木板 Ⓑ，外侧面朝上。

11 用九支 32mm 平头螺丝固定木板 Ⓑ。

12 翻面，如果觉得放置木板 Ⓑ 时不易定位，可以在结合面涂抹少许木工胶。

13 放上第二块木板 **B**，外侧面朝上，用九支 32mm 平头螺丝固定木板 **B**。

14 用二十二颗木塞将螺丝孔塞住，可用锤子敲打木塞使其与木板面保持平整。

15 将球台框架半成品各棱角、锐边、粗糙面打磨光滑。再上蜂蜡或护木油做保护。

🔨 **球杆制作步骤**

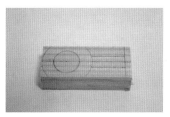

16 在木块 **D** 上测量绘制出要裁切的部分（见对战球台结构图）。

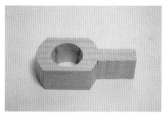

17 利用 20mm 钻头钻出穿破孔，再以线锯机将木块 **D** 如图裁切。

18 将木块 **D** 半成品打磨光滑。

19 重复步骤 **16~18** 共制作六块。

20 将一块木块 **D** 穿入圆木棍 **E** 的中央，准备加工做成圆木柱 **E**-1（见对战球台结构图）。

21 在木块 **D** 上标记钻孔点（见对战球台结构图）。

22 在木块 **D** 上连着圆木柱 **E** 一起用 3mm 钻头钻一个穿破孔。

23 在圆木柱 **E** 一端距端点 10mm 处用 3mm 钻头钻一个穿破孔，圆木柱 **E**-1 加工完成。再重复步骤 **20~23**，制作两支圆木柱 **E**-1。

24 将两块木块 **D** 穿入圆木棍 **E** 的中央，准备加工做成圆木柱 **E**-2（见对战球台结构图）。

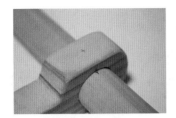

25 在木块 **D** 上标记钻孔点（见对战球台结构图）。

26 在木块 **D** 上连着圆木柱 **E** 一起用 3mm 钻头钻一个穿破孔。

27 在圆木柱 **E**-1 与圆木柱 **E**-2 握手端，在圆心钻一个直径 3mm、深 20mm 的封闭孔。

28 将椭圆形木头抽屉把手组的螺丝锁入把手。

29 使用虎头钳将露出的螺丝修剪为 15mm，共制作四组。

30 将椭圆形木头抽屉把手组锁入四支圆木柱 **E**。

🔨 各部件结合步骤

31 将圆木柱 **E**-1 穿入左侧木板 **B** 上靠外侧的圆孔。

32 将一块木块 **D** 穿入圆木柱 **E**-1，两物件的圆孔互相对准。

33 将一支木钉插入木块 **D** 上的圆孔。

34 用锤子将木钉敲入，让木钉穿过圆木柱 **E**-1 的圆孔，从木块 **D** 另一侧圆孔穿出，木钉钉头涂上蜂蜡。

35 将圆木柱 **E**-1 另一端从右侧木板 **B** 上靠外侧的圆孔穿出，将一支木钉穿过圆木柱 **E**-1 柱头的 6mm 圆孔，木钉钉头涂上蜂蜡。

36 重复步骤 **31~35**，将另一支圆木柱 **E**-1 与一块木块 **D** 反装在对侧。将一支圆木柱 **E**-2 如图穿入左侧木板 **B** 上箭头指示的圆孔，再从右侧木板 **B** 穿出。

37 将两块木块 **D** 穿入圆木柱 **E**-2。

38 将两块木块 **D** 上的圆孔对准圆木柱 **E**-2 上的两个圆孔。

39 用两支木钉将两块木块 **D** 固定在圆木柱 **E**-2 上。

40 将木钉钉头涂上蜂蜡。

41 重复步骤 **36~40**，将另一支圆木柱 **E**-2 与两块木块 **D** 反装在对侧。

42 对战球台主体结构完成。

DVD 架组立步骤

43 将木钉插入对战球台内的封闭孔。

44 全部插完共需六十四支木钉，可隔出十七组间隔。

45 可以平放十七张 DVD。

46 也可将 DVD 斜放，共可放十六张 DVD。

Chapter4

与家具结合的益智玩具

两块木板加几根木条就可以是把椅子，若加点巧思，就是一把能当弹珠台玩的椅子。我最大的心愿是将家中的家具都设计成可以游戏的玩具，让家成为小孩的游乐场。甚至在二十几年后，女儿跟外孙子外孙女说："这些都是小时候阿公做给妈妈玩的喔！我来教你们怎么玩。"接下来，我们就开始制作有温度的木作玩具兼实用家具吧！

我父亲是一位技术精湛的装潢师傅，从我有记忆开始，家中的装潢与家具都是爸爸亲手做的，有些家具，如床、书桌、柜子、神桌，虽然已逾三十年，现在仍放在云林老家继续使用着。"爸爸"对我来说就是"无所不能"的同义词，在爸爸做给我的众多木作中，印象最深刻的是以下两件。

记得小学三年级时，有天回家，书桌上竟然多了一辆木头做的坦克车，炮台不但能旋转，车身竟然还可以打开当铅笔盒。当晚我用水彩上色，隔天带去学校炫耀，威风的程度可想而知。

另外一件是小学四年级的回忆。当时我偶尔会借用哥哥的书桌写字，父亲发现我和书桌高度不合适，就在开学一周后，做了一组全新的桌椅给我，爸爸的管教虽然严厉，但爱子之心却是关怀备至。

身为人父后，我就常想起自己的成长往事，回想当年爸爸用什么方式来爱我们。爸爸是个不善表达情感的大男人，虽然他没有留下手写的只言片语，但温暖的父爱却满满灌注在这些家具中并保存下来。

因为拥有这些回忆，现在做木作前我都会多花些心思、加些设计，想做出可以让宝贝女儿现在玩得开心、将来实用、未来还能留念的木作。

几何拼图小板凳

随着孩子身高的变化，能当成小桌子或小板凳使用，
桌面上的拼图是训练排列组合的益智玩具。

难度　☆☆☆☆☆

制作时间　入门 12～14hr

熟练 8～10hr

老婆放完产假后，我们就将淇淇交给保姆带，硬汉夫妻俩除了周休二日、连续假日及过年可以整天陪伴她，其余时间都是早上七点不到就送到保姆家，一直到晚上七点过后才接她回来。每天醒着的相处时间有时连三个小时都不到。每每听到保姆转述淇淇一些成长惊喜时，心中都会有些许遗憾，遗憾第一时间看到或发现的怎么不

特别做的动物饭团，淇淇感受到妈妈的用心，且全部吃光光。

是我们？保姆常说淇淇是她带过最好带的小孩，例如，吃饭会乖乖就位等人喂；大便完不哭不闹，静静走到旁边让大人闻到味道；吃药不用五花大绑，自己乖乖吃完；只要拿几本书让她翻，就能自得其乐好一段时间……

虽然淇淇十分乖巧，但一岁半前几乎不曾自己拿奶瓶喝奶，不管怎么教就是不肯自己拿。一开始还以为是奶瓶太烫，即使牛奶不热还是不拿，而喝水的水杯或插上吸管的果汁就肯自己拿。当时我们只好自嘲说，淇淇真是一个有原则又好命的小孩，坚持吃饭一定要人服侍才行。虽然当时这样安慰自己，但其实夫妻俩心中常如此担心：

"什么时候才能教会淇淇自己吃饭呢？"
"奶瓶都不会拿了，那筷子怎么办？"
"如果她一直排斥自己学吃饭，以后怎么去上学？"

这件事在硬汉夫妻心中困扰了好久，当两人决定等两岁后再慢慢教时，淇淇立刻给了我们一个惊喜。淇淇一岁半时，我们安排了一趟"德瑞亲子自由行"，这趟出游我们猜出了淇淇不拿奶瓶的原因，是因为维持相同姿势喝奶的行为"不有趣"。抵达德国后，前几餐都是使用刀叉用餐，淇淇坐在一旁看着竟然就讨着要叉子、汤匙，接着就坚持要自己吃。前几餐还找不到拿餐具的角度吃得一塌糊涂，调整姿势及高度后，就有模有样地跟我们一起用餐了，不但学会用汤匙吃饭，还学会用叉子吃披萨及意大利面，后来听到淇淇一到用餐时间就嚷着"吃饭！吃饭！吃饭喽！"我跟老婆突然感动到想哭。

正当庆幸往后可以轻松时，淇淇两岁后又出状况，不但用餐的时间拉得很长，还挑食。老婆修理过她几次，发现情况没改善，摸清楚女儿吃软不吃硬的牛脾气后，她开始花很多心思研究如何做造型可爱又美味的餐点。而硬汉也贡献了一点微薄之力——做一把多功能的"几何拼图小板凳"，女儿想在桌上用餐时，它可以当成板凳坐；想坐在地板上用餐时，它可以当成放盘子的小茶几；上面各种形状的积木拼图，不仅能帮助小孩认识各种形状，还可以训练小孩的组合逻辑能力。

几何拼图小板凳结构图

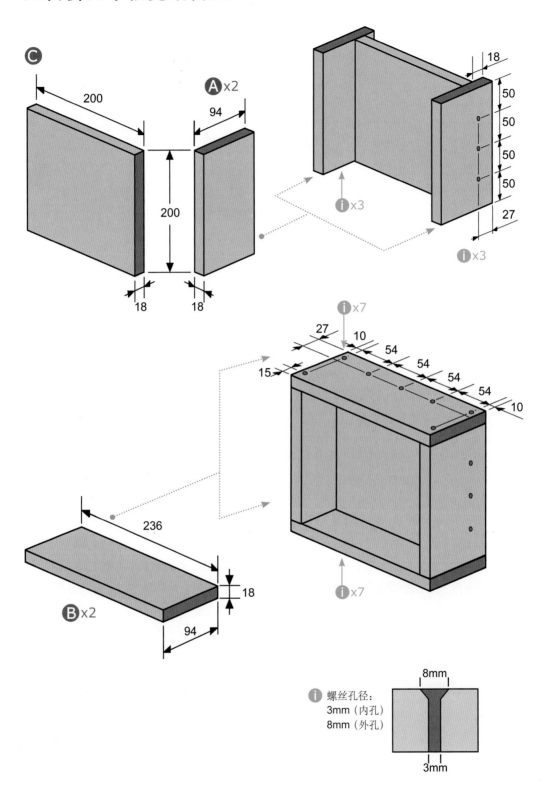

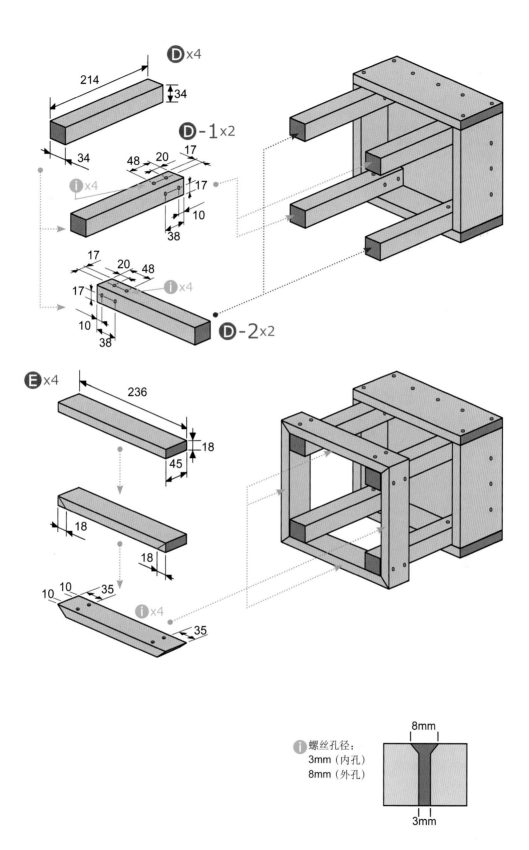

Dx4

214

34

34

D-1x2

48 20 17

ⓘx4

17

17

10

38

17

20 48

17

ⓘx4

10

38

D-2x2

Ex4

236

18

45

18

18

10 10 35

ⓘx4

35

ⓘ螺丝孔径：
3mm（内孔）
8mm（外孔）

8mm

3mm

几何拼板图

[注] 绘制的形状仅供参考，可以自行发挥创意，多画各种形状让孩子在游戏中学习辨识，如图例，有圆形、正方形、长方形、菱形、大等腰三角形、小等腰三角形、直角三角形等。

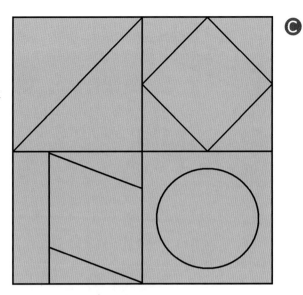

 料件清单

料件代号	材料名称＋规格	用量	备注
Ⓐ	短边板 200mm（长）×94mm（宽）×18mm（厚）	2	
Ⓑ	长边板 236mm（长）×94mm（宽）×18mm（厚）	2	
Ⓒ	木板 200mm（长）×200mm（宽）×18mm（厚）	2	
Ⓓ	方形木条 214mm（长）×34mm（宽）×34mm（厚）	4	
Ⓔ	木条 236mm（长）×45mm（宽）×8mm（厚）	4	
无	32mm 平头螺丝	36	
无	50mm 平头螺丝	16	

✤ **使用工具**：手锯、线锯机、电钻（3mm/6mm/8mm 钻头）、十字起子、磨砂机
✤ **使用物件或五金零件**：

32mm 平头螺丝　　　　50mm 平头螺丝

1 裁切几何拼图小板凳主结构所需的短边板 **Ⓐ** 及长边板 **Ⓑ** 各两块，先在木板上量测螺丝固定点。

2 一般平头攻牙螺丝的头部都是沙拉头型，螺丝锁入木材时，如果想要漂亮地和木板平面切平，可以先用沙拉刀钻出一个与平头螺丝头相同形状的沉头孔。

3 沙拉刀价格较贵，一把相当于二至四支钻头，建议可以分两次加工，第一次先用 3mm 钻头钻穿破孔，第二次再用 8mm 钻头扩孔，就可以做出相同效果的沉头孔。

4 短边板 **Ⓐ** 及长边板 **Ⓑ** 加工完成。

5 裁切两块木板 **Ⓒ** 作为板凳底板与几何拼板。

6 将木料打磨光滑。

7 在一块木板 **Ⓒ** 的两侧木口边涂上木工胶。

8 将两块木板 **Ⓒ** 重叠在一起放在桌面上，木口边有涂胶的放在上层。

9 将两块短边板 **Ⓐ** 钻孔朝下，沉头孔朝外与木板 **Ⓒ** 先粘合定位。

10 各用三支 32mm 平头螺丝将两块短边板 **Ⓐ** 固定在木板 **Ⓒ** 的两侧。

11 固定两侧短边板 **Ⓐ** 后，将放在底部垫高的另一块木板 **Ⓒ** 移开，接着将木构件转为横向，在木板 **Ⓒ** 的另两侧及短边板 **Ⓐ** 的侧面涂胶并抹平。

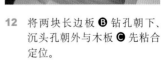
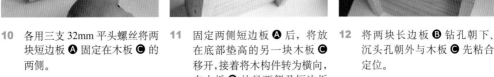

12 将两块长边板 **Ⓑ** 钻孔朝下、沉头孔朝外与木板 **Ⓒ** 先粘合定位。

13 各用七支 32mm 平头螺丝将两块长边板 **B** 固定在木板 **C** 的两侧。

14 将结合好的板凳上半层结构棱角打磨光滑。

15 裁切四根方形木条 **D** 作为板凳的四支脚架。

16 两两对称将方形木条 **D** 加工出如图的穿破孔，并扩成沉头孔（见结构图）。

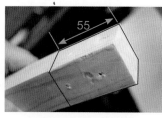

17 在木口端及没扩沙拉孔的两块内侧面 55mm 以内的范围，抹上木工胶。

18 将板凳上半层的结构翻面，方形木条 **D** 上胶面朝板面，每根方形木条 **D** 使用四根 50mm 平头螺丝固定。

19 先将四支 50mm 平头螺丝半锁在方形木条 **D** 上会更容易固定板凳内面。

20 使用长一点的十字起子，锁螺丝时就不会被其他椅脚阻挡。

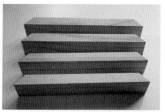

21 裁切四根木条 **E** 当作板凳座脚架所需的横支架。每根木条 **E** 的两端都锯成 45 度斜面。

22 在每根木条 **E** 的内面两端量测标注四个螺丝孔的位置。

23 每根木条 **E** 标记的四个螺丝孔位置，先用 3mm 钻头钻穿破孔，外侧再用 8mm 的钻头钻出沉头孔。

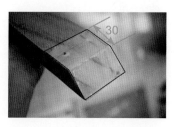

24 在木条 **E** 的 45 度斜面及内面 30mm 以内的范围，抹上木工胶。

25 重复步骤 **24**，将木条 **E** 两端都上胶。

26 用四支 32mm 平头螺丝将木条 **E** 固定在相邻两根方形木条 **D** 的底端。

27 重复步骤 **24~26**，将另外三根木条 **E** 也锁上螺丝固定。

几何拼图板制作与外观收尾步骤

28 在木板 **C** 上画出形状区块。

29 测量线锯机锯块的宽度，使用的锯块宽约 5mm。

30 锯封闭木块时，可以先用大于线锯机锯块的钻头钻一孔（图中示范的是 6mm 的钻头），将锯块穿过开孔，沿着画线内侧锯开，就能取下封闭木块。

31 将各木块打磨光滑。

32 将板凳座所有棱角、锐边、平面打磨光滑。

33 将板凳座与几何拼图板各木块涂上保护蜂蜡，即完成。

木工小教室

便利的木工测量工具：止型定规

做木工时，常需将木料端面裁切 45 度角让对接更美观，虽然用直尺或分度尺也可以画出 45 度角，但还是不比止型定规精准迅速，止型定规可以放在木作上确认 90 度垂直角度，还可以测量直角、斜角尺寸，是很方便的测量工具。

弹珠台收纳箱

正面是可以让孩子玩的柏青哥弹珠台，
打开上盖，还能用来收纳宝贝自己的物品。

难度 ☆☆☆☆☆

制作时间 入门 12～14hr
熟练 8～10hr

有回某家新闻台的记者到家中采访，闲聊过程中，记者问了一个让我印象深刻的问题："你做过失败的作品吗？"这个问题让我思索了好一会儿，我做木工前都会简单画一下结构图，计算每个部件的尺寸，基本上只要结构图画得出来，失败的可能性就很低，我回答记者："只要我女儿不感兴趣的玩具，都算是失败的作品。"这样看来，我做的第一件木作玩具"弹珠台"应该就算失败，因为女儿玩了三天就不感兴趣了，为此硬汉还与当时两岁半的淇淇认真地进行一场亲子对谈：

硬汉：淇淇，爸爸做的弹珠台为什么只玩三天就不玩了呢？

女儿：……（眯起眼睛快乐地吃饼干。）

硬汉：是 Hello Kitty 风格太老气了吗？

女儿：……（拿起养乐多吸两口。）

硬汉：还是颜色太娘的关系？

女儿：……（手指布丁。）

硬汉：那改成巧虎造型的好不好？（拿汤匙跟布丁给女儿。）

女儿：谢谢……（低头认真吃布丁。）

硬汉：你这样让爸爸很为难耶！

老婆：(在厨房插话) 我们上次搭火车去花莲花多久？

硬汉：(转头) 坐太鲁阁号两个小时。

老婆：十二月淇淇三岁生日我们可以坐火车去……（无心聆听，声音自动拉远到天边。）

硬汉：爸爸在问你为什么不喜欢弹珠台？

女儿：淇淇喜欢坐火车！

硬汉：什么！原来淇淇喜欢的是火车，没问题！爸爸马上做给你！

于是我再接再厉又做了一列小火车，这次女儿比较赏脸，小火车比弹珠台多玩了两天。面对这两次失败，硬汉深思熟虑一番后，做了一台可以画画的"触控家家酒小厨房"，比孙中山幸运，我第三次就成功地做出让女儿爱不释手的玩具，之后接连又做了几个，而且越做越复杂、越做越花哨，没想到注定要失败十次的魔

169

茶几展开就是迷你投篮机。

咒继续应验在硬汉身上，接下来做的几个玩具，淇淇没玩多久就被打入冷宫。有个假日午后，我们夫妻带淇淇去大卖场采购，硬汉闲闲无聊玩了一下卖场的投篮机，没想到在一旁看的淇淇竟然迷上了这个她根本就投不到的玩意儿，因为女儿一玩再玩不肯走，为了骗她离开，硬汉下意识地说了一句："我们回家玩，家里也有！"

这时候老婆迅速转头瞪了我一眼，这个眼神不用多做解释我也懂，意思就是——你又闯祸了！

为了以身作则落实平时要求淇淇言出必行的谆谆教诲，只好拿出看家本领花了一个礼拜的时间做一台迷你投篮机给女儿玩。制作前，因为考虑到客厅没有茶几，加上女儿的玩具越来越多，也该有个收纳柜；另外，女儿的绘本及故事书也需要一个小书柜；女儿最近喜欢玩小火车，也需要一个小平台放置，综合上述需求，我做出一台结合了五种功能的迷你投篮机。不过，小孩的东西只会越来越多，加上硬汉又是感性念旧的人，淇淇的画作、有她可爱涂鸦的绘本、有特别纪念意义的玩具、出游 DIY 的手作品……每样都舍不得丢，没办法只好再做个收纳箱收藏这些女儿的宝贝，那就再做一个能玩的"弹珠台收纳箱"吧！

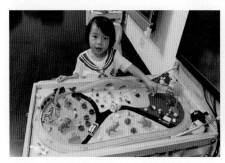

夹层是火车组动物园。

内侧是常玩玩具收纳格。

弹珠台收纳箱结构图

下层箱体结构图

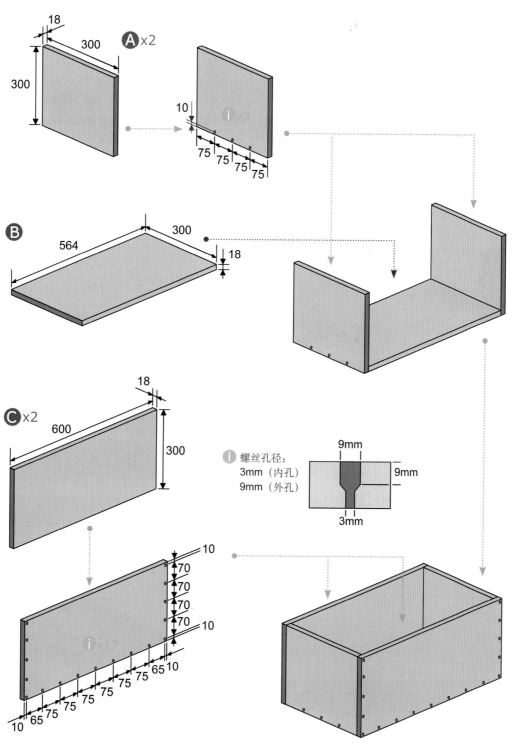

A x2

18
300
300
10
75 75 75 75

B
564
300
18

C x2
600
18
300

ℹ️ 螺丝孔径：
3mm（内孔）
9mm（外孔）

9mm
9mm
3mm

10
70
70
70
70
10
10 65 75 75 75 75 65 10
75 75 75 75 65 10

上层箱盖兼弹珠台结构图

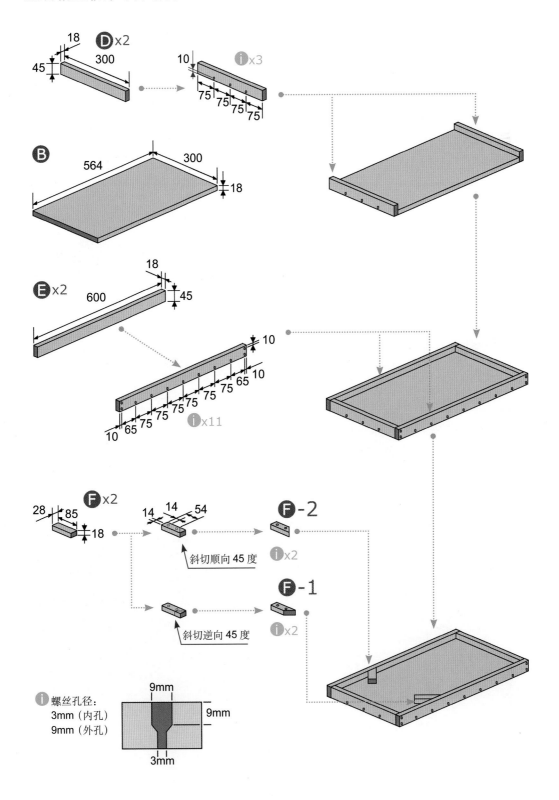

D x2 18 300 45

i x3 10 75 75 75 75

B 564 300 18

E x2 18 600 45

10 10 65 75 75 75 75 65 10
75 75

i x11

F x2 28 85 18

14 14 54

斜切顺向 45 度

i x2

F-2

F-1

斜切逆向 45 度

i x2

i 螺丝孔径：
3mm（内孔）
9mm（外孔）

9mm 9mm 3mm

组立结构图

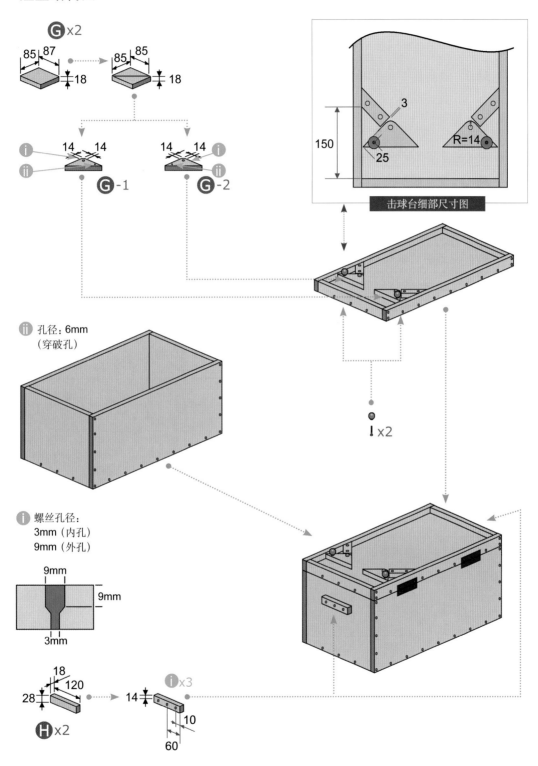

G×2

85 | 87
18
85 | 85
18

14 14
14 14

G-1
G-2

击球台细部尺寸图

3
150
25
R=14

ⅱ 孔径：6mm
（穿破孔）

ⅰ 螺丝孔径：
3mm（内孔）
9mm（外孔）

9mm
9mm
3mm

Ⅰ×2

18
120
28
14
10
60

H×2

ⅰ×3

料件清单

料件代号	材料名称＋规格	用量	备注
Ⓐ	木板 300mm（长）×300mm（宽）×18mm（厚）	2	
Ⓑ	木板 564mm（长）×300mm（宽）×18mm（厚）	2	
Ⓒ	木板 600mm（长）×300mm（宽）×18mm（厚）	2	
Ⓓ	木条 300mm（长）×45mm（宽）×18mm（厚）	2	
Ⓔ	木条 600mm（长）×45mm（宽）×18mm（厚）	2	
Ⓕ	木条 85mm（长）×28mm（宽）×18mm（厚）	2	
Ⓖ	木块 87mm（长）×85mm（宽）×18mm（厚）	1	
Ⓗ	木条 120mm（长）×28mm（宽）×18mm（厚）	2	
无	32mm 平头螺丝	68	
无	木塞	78	
无	塑料脚垫	4	
无	22mm 平头螺丝	12	
无	圆形木头抽屉把手组	2	
无	华司垫片 10mm（直径）×1mm（厚）	6	
无	香菇形木塞	2	
无	铁制烤漆压花后钮	2	
无	12mm 平头螺丝（古铜色）	8	
无	箱扣	1	
无	12mm 平头螺丝	8	
无	屈手／箱支架	1	

✤ 使用工具：线锯机、电钻（3mm/6mm/9mm 钻头）、锤子、十字起子、虎头钳、磨砂机
✤ 使用物件或五金零件：

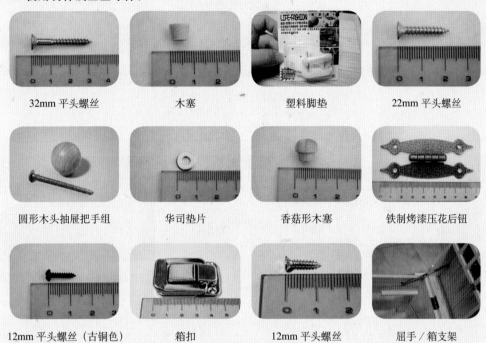

32mm 平头螺丝	木塞	塑料脚垫	22mm 平头螺丝
圆形木头抽屉把手组	华司垫片	香菇形木塞	铁制烤漆压花后钮
12mm 平头螺丝（古铜色）	箱扣	12mm 平头螺丝	屈手／箱支架

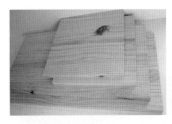

1 裁切好下层箱体所需的木板 **Ⓐ** 两块、木板 **Ⓒ** 两块。

2 在木板 **Ⓐ** 与木板 **Ⓒ** 上测量绘制出要钻孔位置，用 3mm 钻头钻穿破孔，再用 9mm 钻头扩 9mm 深孔（见下层箱体结构图）。

3 在木板 **Ⓐ** 的木口面涂上木工胶抹匀。

4 将木板 **Ⓒ** 放上木板 **Ⓐ** 粘合定位。

5 每边用五支（共十支）32mm 平头螺丝固定木板 **Ⓐ** 与木板 **Ⓒ**。

6 将结构体翻面，在木板 **Ⓐ** 木口面涂上木工胶抹匀。

7 将第二块木板 **Ⓒ** 放上木板 **Ⓐ** 粘合定位。

8 每边用五支（共十支）32mm 平头螺丝固定木板 **Ⓐ** 与第二块木板 **Ⓒ**。

9 放上木板 **Ⓑ** 用二十支 32mm 平头螺丝锁附固定。

10 用四十颗木塞将下层箱体上的螺丝孔塞住，并用锤子隔着木板敲平。

11 将下层箱体半成品各棱角、锐边、粗糙面打磨光滑。

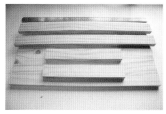

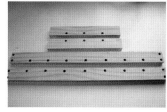

12 裁切好上层箱盖兼弹珠台所需的木板 **❸** 一块、木条 **❹** 两根、木条 E 两根。

13 在木板 **❶** 与木板 **❸** 上测量绘制出要钻孔位置，用 3mm 钻头钻穿破孔，再用 9mm 钻头扩 9mm 深孔（见上层箱盖兼弹珠台结构图）。

14 在木板 **❸** 木口面涂上木工胶。

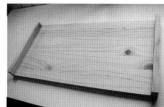

15 将木条 **❹** 放上木板 **❸** 粘合定位，用三支 32mm 平头螺丝锁附固定。

16 重复步骤 **14～15**，将第二根木条 **❹** 固定在木板 **❸** 另一侧。

17 在木条 **❹** 与木板 **❸** 侧边涂上木工胶抹匀。

18 将木条 **❸** 放上粘合定位。

19 用十一支 32mm 平头螺丝将木条 **❸** 锁附固定。

20 重复步骤 **17～19**，将第二根木条 **❸** 固定在另一侧。

21 用二十八颗木塞将上层箱盖上的螺丝孔塞住，并用锤子隔着木板敲平。

22 将上层箱盖半成品各棱角、锐边、粗糙面打磨光滑。

23 将下层箱体上蜡或上漆保护。

24 将塑料脚垫钉在下层箱体底部如图位置。

25 将下层箱体底部四角落都钉上塑料脚垫。

26 将上层箱盖上蜡或上漆保护。

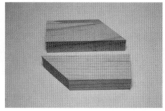

27 裁切两根木条 **F**。

28 将两根木条 **F** 加工成木条 **F**-1 与木条 **F**-2 各一块。

29 裁切两块木块 **G**。

30 在木块 **G** 量测绘制出要钻孔位置（见组立结构图）。

31 在木块 **G** 直角部分用圆规画出半径（R）14mm 的圆弧角。

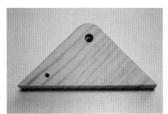

32 将木块 **G** 加工成木块 **G**-1 与木块 **G**-2（见组立结构图）。

33 将木块 **G**-1 与木块 **G**-2 各棱角、锐边、粗糙面打磨光滑，磨好后再上蜡或上漆保护。

34 在木块 **G**-1 与木块 **G**-2 的 6mm 穿破孔上各锁上一个圆形木头抽屉把手组。

35 将木条 **Ｆ**-1 与木条 **Ｆ**-2 上蜡或上漆保护。

36 在木条 **Ｆ**-2 背侧与 45 度斜面涂上木工胶并抹匀。

37 在木块 **Ｇ**-2 的 9mm 扩孔内抹入一些蜂蜡润滑。

38 将一支 22mm 平头螺丝穿入木块 **Ｇ**-2 直角螺丝孔，另一侧将三块华司垫片装入 22mm 平头螺丝，每块华司垫片之间也抹上一些蜂蜡润滑。

39 将木条 **Ｆ**-2 与木块 **Ｇ**-2 放在上层箱盖右侧（见击球台细部尺寸图），用三支 22mm 平头螺丝锁附固定，再用两颗木塞塞住木条 **Ｆ**-2 上的螺丝孔并敲平。

40 重复步骤 **35 ~ 39**，将木条 **Ｆ**-1 与木块 **Ｇ**-1 放在上层箱盖左侧（见击球台细部尺寸图）。

41 将木条 **Ｆ**-1 与 **Ｆ**-2 上的木塞上蜡或上漆保护。

42 在木块 **Ｇ**-1 与木块 **Ｇ**-2 直角圆孔内挤入一点木工胶。

43 各用一颗（共两颗）香菇形木塞将孔塞住。

44 将上层箱盖放在下层箱体的上面，在两结构体结合处放上铁制烤漆压花后钮（见组立结构图）。

45 用中心冲在每个螺丝孔中心按压击出定位孔。

46 用四支 12mm 平头螺丝（古铜色）将铁制烤漆压花后钮锁附固定。

47 重复步骤 **44~46**，将第二个铁制烤漆压花后钮锁附固定。

48 用两支 12mm 平头螺丝将箱扣下半部固定在下层箱体正面的中央。

49 用两支 12mm 平头螺丝将箱扣上半部固定在上层箱盖正面的中央处。

50 箱扣固定完成图。

51 裁切两根木条 **H**。

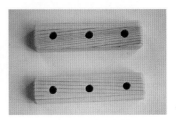

52 在木条 **H** 上测量绘制出要钻孔位置，用 3mm 钻头钻穿破孔，再用 9mm 钻头扩 9mm 深孔（见组立结构图）。

53 在木条 **H** 背面涂上木工胶。

54 将木工胶抹匀。

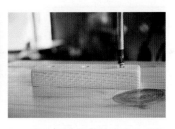

55 将两块木条 **H** 放在下层箱体的侧面（见组立结构图），各用三支 22mm 平头螺丝锁附固定。

56 各用三颗（共六颗）木塞塞住两块木条 **H** 上的螺丝孔并敲平，打磨光滑后上蜡或上漆保护。

57 在上层箱盖与下层箱体内部一侧，用四支 12mm 平头螺丝将屈手／箱支架锁附固定。

58 完成图。

木工小教室

让做木工更方便的空心砖

一般建材店就能买到，而且非常便宜，体积不大但支撑力很强，准备数个排列组合后，就能发挥多种功能，可以当成工作桌桌脚、锯木材的支撑块、钉木作时的支撑块、中秋节烤肉架支撑块等，平时不做木工时，随便找个角落就能收纳，垫几块木板放在阳台，就是鞋架了。

将几块空心砖相堆叠，高度与长度可以任意调整，底部垫发泡绵就能隔绝震动，放一块 IKEA 的桌板，就可以当工作桌，开始玩木工。空心砖的空格还可以拿来放工具。

用两块空心砖左右做支撑，上面就能放置电动工具，也可以在做木工时用来支撑木构件，垫几张报纸就可以避免板材被刮伤。

让做木工更方便的电动起子

做木工时用铁锤敲击钉合，会发出很大噪音，长此下去和邻居的关系可能会出现危机；制作搭接、插接、榫接、槽接的接头时，使用机具也会发出尖锐噪音，改用螺丝锁接则几乎可以安静无声。不过，锁螺丝会用到手腕力量，五个、十个还好，如果一次要锁上三五十个或是长螺丝，肯定会手软，建议多花一点钱添购一把电动起子。

电动起子可以更换不同功能的螺丝起子头，还能调整扭力，运作时不至于发出太大的噪音。

旋转钓鱼台板凳

难度 ☆☆☆☆☆

制作时间　入门 16～18hr

熟练 8～12hr

旋转钓鱼台适合亲子共玩，还能让孩子学习掌控空间与距离感；
拿掉椅面上的圆木柱，就是孩童专用的透气板凳。

钓鱼台板凳上层椅面可以 360 度旋转，爸妈可以用手转动，
让小孩持钓竿吸取木柱小鱼，玩乐中可训练小孩对三维空间移动物件的掌握。

平时可以当板凳坐，椅面
有开孔通风舒适。

身为布袋戏之乡——云林的古意子弟，硬汉从小到大 DIY 过很多布袋戏偶，从传统的齐天大圣孙悟空、史艳文、藏镜人、独眼龙、黑白郎君，到舶来英雄如无敌铁金刚、北斗神拳、科学小飞侠、圣斗士星矢等都做过。还记得小学二年级那年，我做了"史艳文"跟"藏镜人"两个戏偶，兴高采烈地带到学校，刚开始是下课时间拿出来演给同学看，因为演得太好，观众反应热烈要求加场，上课时间我就躲在桌下继续演，当然被老师修理一顿，戏偶也被暂时没收，到放学才能领回，放学后，班上同学要跟我买那两个戏偶，因为当年硬汉立下志愿要做"藏镜人"的传人，只能将中原群侠的领袖"史艳文"卖给同学，记得卖价还不够付材料钱，不过当时天真地想——够换一包"乖乖"就好了！

立志要当藏镜人这件事可不是随便说说，我疯藏镜人到什么程度呢？每个小学生一定都写过"我的志愿"这个作文题目，大部分的人都会写："我长大以后要当医生、科学家、航天员、总统……"文章末段还会加上"现在我会听老师的话好好念书，以后当个堂堂正正的好国民！"才有可能得到"甲上上"的评等。当年天真的硬汉硬是与众不同地写下了："我长大后要当武功高强的藏镜人，轰动武林、惊动万教！"结果立即就遭到老师的指责、同学的排挤，小小心灵受到严重的创伤，万般无奈下，只好退而求其次更改志愿。小时候硬汉很喜欢看庙会神明绕境游行，平时还会和邻居相约到附近某官庙看八家将及神像游行练习，好看的程度跟现在的迪士尼嘉年华会差不多。当不成藏镜人的硬汉于是改成："我长大以后要演七爷！"结果，当然是小小的心灵再度受创，回想当年老师手执教鞭将硬汉叫上讲台循循善诱的情景，就算过了三十年仍像昨天刚发生一般。

老师：你说，志愿为什么要写七爷呢？
硬汉：因为七爷比八爷高，比较威风……

用心良苦制作却枉费心机的复仇者联盟打地鼠机。　简单缝制给女儿的 Hello Kitty 布袋戏偶。

老师：老师不是问你这个，你的目标为什么就不能看远一点呢？

硬汉：可是……

老师：可是什么！

硬汉：可是我不想当千里眼，千里眼排很后面耶，比八家将还后面！

老师：(怒) 手伸出来！

不得已之下只好再改成："我长大后要当医生、科学家、航天员……还有我会听老师的话好好念书……"于是一个可能同时拥有帕瓦罗蒂奔放的音乐热情、米开朗基罗的完美工艺造诣、达·芬奇的高超绘画天分，一个前途无可限量的神童，就这样硬生生地被埋没，当然也当不成藏镜人的传人了。

因为只有一个女儿，很多时候我和老婆在教育方式上会意见相左，例如，老婆希望女儿学音乐，我希望学跆拳道；老婆希望女儿学艺术，我希望她爱电子科学。有一天硬汉意外发现淇淇竟然和一般小女孩一样也很喜欢 Hello Kitty，这对一个热血硬汉老爸来说真是无情的打击，花了很多时间精心打造了一台"复仇者联盟打地鼠机"给她，想要潜移默化引导女儿讨厌这只害人无数的粉红无嘴猫，没想到处心积虑的阴谋及半个月的心血，竟换来女儿一句天真的童语："不可以打Kitty 喔！"

虽然"潜意识厌恶 Kitty 大作战"以失败收场，不过后来我做的"钢铁侠香包"女儿却很喜欢，有天灵机一动简单买了材料做起了"钢铁侠布袋戏"，没想到淇淇说还要一个"Hello Kitty 小布袋戏"，万般无奈只好再做一个。

还记得小时候庙里神明生日都会请戏团来演布袋戏，早期娱乐不多的时候，庙口演布袋戏可是件大事，家家户户的小孩傍晚就会先搬板凳去占位子，等吃完晚饭、洗好澡，就到庙口集合等开演，真是怀念那个人情味浓厚的时代……想到这里，不如来做一张"钓鱼台板凳"给女儿，椅面开孔透气设计让屁股久坐也不会发烫，还可以当成亲子互动的钓鱼机。

钓鱼台板凳结构图

椅脚横杆部件结构图

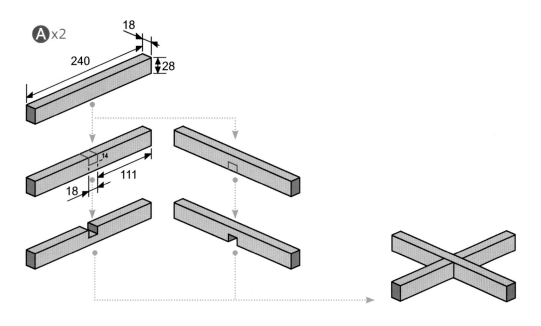

椅脚部件结构图

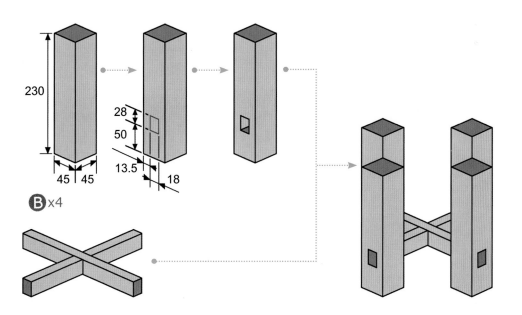

板凳结构图

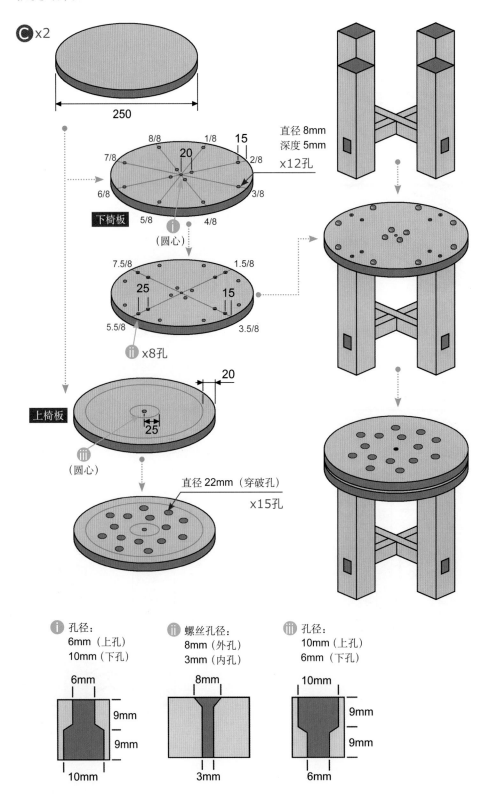

C x2

250

8/8　1/8　**15**

7/8　**20**　2/8

直径 8mm
深度 5mm
x12孔

6/8　3/8

5/8　4/8

下椅板

i
（圆心）

7.5/8　1.5/8

25　**15**

5.5/8　3.5/8

ii x8孔

20

上椅板

25

iii
（圆心）

直径 22mm（穿破孔）
x15孔

i 孔径:
6mm（上孔）
10mm（下孔）

6mm

9mm

9mm

10mm

ii 螺丝孔径:
8mm（外孔）
3mm（内孔）

8mm

3mm

iii 孔径:
10mm（上孔）
6mm（下孔）

10mm

9mm

9mm

6mm

钓鱼组部件结构图

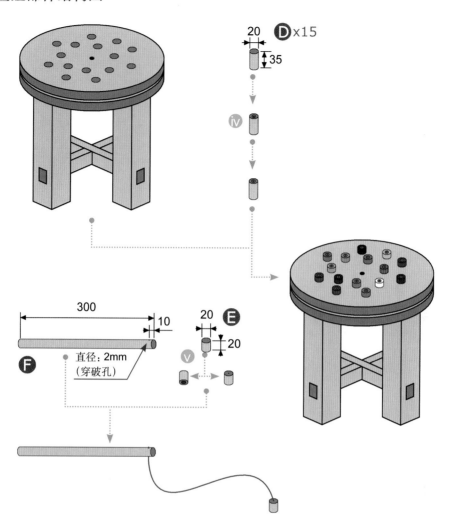

20 **D**×15

35

20 **E**
20

300 10

直径：2mm
（穿破孔）

F

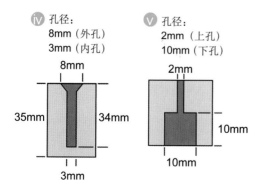

ⅳ 孔径：
8mm（外孔）
3mm（内孔）

8mm

35mm 34mm

3mm

ⅴ 孔径：
2mm（上孔）
10mm（下孔）

2mm

10mm

10mm

料件代号	材料名称＋规格	用量	备注
Ⓐ	木条 240mm（长）×28mm（宽）×18mm（厚）	2	
Ⓑ	木条 230mm（长）×45mm（宽）×45mm（厚）	4	
Ⓒ	木板 250mm（长）×250mm（宽）×18mm（厚）	2	加工成圆形椅面
Ⓓ	圆木柱 35mm（长）×20mm（直径）	15	用 300mm 长圆木棍裁切
Ⓔ	圆木柱 20mm（长）×20mm（直径）	1	
Ⓕ	圆木柱 300mm（长）×20mm（直径）	1	
无	50mm 平头螺丝	8	
无	香菇形木塞（8mm）	12	
无	六角螺帽	1	
无	内六角螺丝	1	
无	22mm 平头螺丝（头径 7.5mm）	15	
无	棉线	长度不限	
无	钕铁硼强力磁铁	1	

❖ 使用工具：线锯机、电钻（3mm/6mm/8mm/10mm/20mm 钻头）、铁锤、十字起子、平凿刀、锉刀、磨砂机
❖ 使用物件或五金零件：

50mm 平头螺丝

香菇形木塞

六角螺帽（孔径：5mm）

内六角螺丝
（长度：40mm、牙径：5mm）

钕铁硼强力磁铁

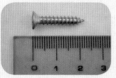
22mm 平头螺丝
（头径 7.5mm）

板凳制作步骤

1 裁切好椅脚横杆所需的木条 **Ⓐ** 两块。

2 在木板 **Ⓐ** 上测量标示要裁切的区块。

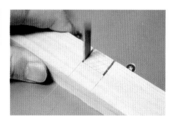

3 用线锯机锯出木板 **Ⓐ** 上要裁切区块的两翼。

4 凿刀对准步骤 **3** 两翼的垂直边，凿除要裁切的区域。

5 加工完成木条 **Ⓐ** 的裁切区域。

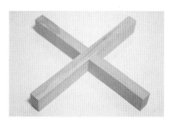

6 将木条 **Ⓐ** 裁切掉的缺口对准后搭接结合。

7 裁切椅脚所需的木条 **B** 四块。

8 如图，在木条 **B** 上标示要凿除的方孔位置。

9 先使用 18mm 钻头钻孔，再搭配凿刀凿出方孔。

10 将椅脚横杆插入四块木条 **B** 上的方孔，结合前，先在方孔的内面抹上木工胶。

11 在木板上绘制两个直径 25cm 的圆形。

12 将两块木板 **C** 锯下。

13 在两块木板 **C** 的圆心用 3mm 钻头钻一个穿破孔，再用 10mm 钻头扩大钻深 10mm 的外孔。

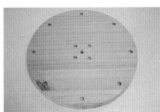

14 见板凳结构图中的下椅板，将第一块木板 **C** 划分成八等分，并在外缘钻八个、内缘钻四个直径 8mm、深 5mm 的封闭孔。

15 见板凳结构图中的上椅板，在第二块木板 **C** 内缘距圆心 25mm 距离处画一个圆，在距外缘 20mm 距离也画一个圆，在两圆中间区域自由发挥画上直径 22mm 互不相交的圆，再用 22mm 钻头钻穿破孔。

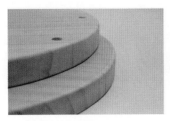

16 将两块木板 **C** 打磨光滑。

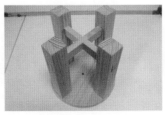

17 将椅脚组倒放在下椅板背面。

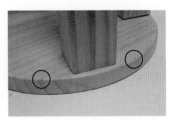

18 在下椅板背面标示正面八等分线的对应位置（红圈处），将四支椅脚放置在两个标注点的中间。

19 用铅笔沿椅脚画线标注。

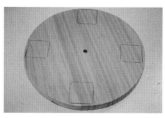

20 移开椅脚组可以看到步骤 **19** 的铅笔画标注方框。

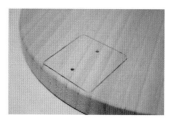

21 在每个方框的中轴线上,距离上边与下边 1cm 处,各标记一点(每个方框有两点,共八点)。

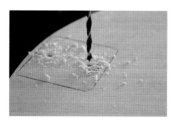

22 用 3mm 钻头对准各方框内的标注点钻穿破孔(共八孔)。

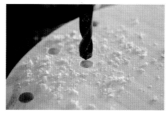

23 将下椅板翻至正面,用 8mm 钻头在步骤 **22** 钻的八个穿破孔上扩沉头孔。

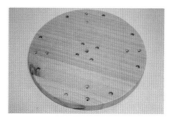

24 下椅板正面加工完成图,正面可以再用砂纸打磨抛光一次。

25 如图,在椅脚组上方的木口面抹上木工胶。

26 在下椅板背面的铅笔方框标线内也抹上木工胶。

27 将椅脚组对齐下椅板背面的铅笔方框标线,粘接固定。

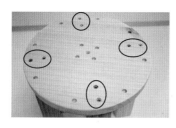

28 用八支 50mm 平头螺丝,将下椅板与椅脚组结合固定(红圈处)。

29 将十二颗香菇形木塞压入下椅板上的封闭孔。

30 利用锉刀磨除上椅板上的 22mm 开孔内外的毛边。

31 再用砂纸打磨光滑。

32 将上椅板上漆或上蜡保护。

33 将板凳上漆或上蜡保护。

34 将六角螺帽装入板凳背面圆心孔内。

35 将上椅板放在板凳上。

36 将内六角螺丝穿过上椅板的圆心孔，与装在下椅板圆心孔内的内六角螺丝对锁。

37 用内六角扳手将内六角螺丝锁至适当紧度。

38 裁切十五个圆木柱 **D**。
[注] 可直接购买 20mm 的圆木柱裁切。

39 用 3mm 钻头在圆木柱 **D** 圆心钻一个 30mm 深的封闭孔，再用 8mm 钻头钻沉头孔。

🔨 钓鱼组制作步骤

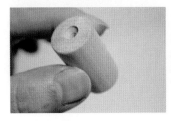

40 将钻孔加工好的圆木柱 **D** 打磨光滑。

41 将十五个圆木柱 **D** 漆上不同颜色，再上亮光漆保护。

42 将 22mm 平头螺丝锁入各圆木柱 **D** 顶端。

43 彩色小鱼完成。

44 裁切一个圆木柱 Ｅ，一端用 10mm 钻头钻深 10mm 封闭孔。

45 再用 2mm 钻头贯穿圆木柱 Ｅ。

46 将钻孔加工好的圆木柱 Ｅ 打磨光滑。

47 将棉线穿过圆木柱 Ｅ 上的圆孔。

48 在圆木柱 Ｅ10mm 处开孔端打结。

49 从另一端将棉线拉紧，系结固定。

50 准备一支作为钓竿用的圆木棍 Ｆ，将两端打磨光滑。

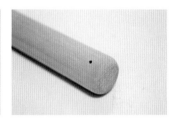

51 在圆木棍 Ｆ 其中一端，离棍顶约 10mm 处，用 2mm 钻头钻一穿破孔。

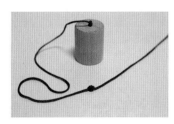

52 在距圆木柱 Ｅ 顶端约 25cm 处（长度可自行调整）再打上一个结。

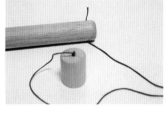

53 将棉线另一端穿过圆木棍 Ｆ 上 2mm 的圆孔。

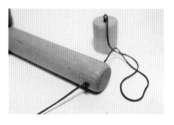

54 棉线拉紧后再打上一个结固定。

193

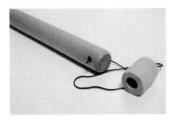

55 剪掉棉线多余的线段。

56 将钓竿组上蜡保护。

57 将强力磁铁塞入圆木柱 Ⓔ10mm 的圆孔内。

58 完成图。

木工小教室

让做木工更方便的钻床

立式固定的电钻台，靠拉柄控制钻头上下移动，可以十分精确地控制钻孔的垂直度，眼睛也可以近距离掌握钻点的位置。透过更换不同功能的钻头，无论是钻木头、金属、亚克力塑料等硬式材质都十分好用，运作时也不会产生高分贝的噪音。不过，还是会发出低频的震动声，只需在基座垫块厚发泡棉，就能缓解运作时的震动。

唯一无法克服的问题，就是小型钻床受骨架位置限制，无法钻纵深太深的圆孔。

古早味弹珠台小椅

既是古早味弹珠台，也是玩具收纳箱，
一物多功能的儿童专用小木椅。

难度 ☆☆☆☆☆

制作时间　入门 16~18hr

熟练 10~12hr

／ 拨弹珠的动作可以在玩乐中训练
小孩手腕的腕力与瞬间爆发力。

椅子下方的收纳抽屉
是淇淇的玩具收纳箱。

转一个向，就是老少
咸宜的古早味弹珠台。

收纳状态是有
靠背的座椅。

硬汉在步入社会前从没出过国,第一次出国时,甚至还不知道要先用机票去机场柜台换登机牌才能搭飞机,土包程度可见一斑。工作后,由于职务的关系,常需要去德国分公司出差,德国办公室位于慕尼黑郊区车程约三十分钟的乡下,一个养了不少牛马的农村。一家台湾的电子公司把分公司设在租金便宜的农村固然奇怪,不过因为德国交通运输十分发达,加上网络商务能解决大部分铺货事宜,运作起来也没什么问题,倒是工作疲倦时出去走走,可以看看风吹麦田、骏马奔驰的悠闲景致,让人心旷神怡。

还记得分公司对面有间悠闲的法国餐厅,就像彼德·梅尔在《普罗旺斯的一年》中那间藏匿在毕武村里的"卢柏客栈"一般,好几次周五下班后,想去用餐放松一下,总是一位难求,始终无缘一尝这间餐厅的美味料理,直到有次台湾的业务同事来慕尼黑参展,开展前一天中午请我去那间餐厅吃饭。或许是位于小村庄,餐厅平日中午没几桌客人,进餐厅后,侍者领我们到最好的位子坐下,递上菜单,可能是之前想得过于美好,吃素的硬汉根本没几样法国菜能吃,最后总算点到一道不含肉类的蘑菇松露面。

点好餐后,我跟同事聊了快二十分钟才上菜,有三个人轻声细步地走到餐桌旁,原来是主厨、徒弟跟刚才的侍者(用完餐才知道他是老板)。徒弟将左手提的小桌子摆在餐桌旁,再将右手端的盘子放在桌上;主厨一手拎着锅子,一手拌炒法式白酱,将混合了洋葱末跟小碎块蘑菇的面条夹出来摆盘;最后老板从左手端着的小碟子上拿起一颗黑不隆咚的丸子(原来松露长这模样),一派认真地削了十几片薄片,老板削松露时,主厨也没闲着,认真解释这碗面的做法,可惜他讲得认真,我们两只鸭子却像听雷一般,完全听不懂德文。可能是被这盛大的阵容吓了一跳,味蕾也跟着期待了起来,先用叉子转了一团面条,放上一片松露,深深吸一口气,然后吐尽胸中废气,小心翼翼将这一小口要三欧元的面放入口中,硬汉闭上眼睛屏气凝神小心翼翼地咀嚼几下,试图体会其中奥秘,嚼碎吞下后迅速抬起头睁大眼珠,一脸不可思议地看着同事。

办公室外养马的牧场。

办公室对面的法国餐厅。

同事：很好吃吗？

硬汉：口感好像在吃削成薄片的人参……

同事：让我吃一口看看，嗯，很特殊的香气。

硬汉：我怎么吃不出来。

同事：再试一口。

硬汉：很像……高丽参。

同事：真是糟蹋了！！

硬汉：Orz……

正当我的脑中浮现出几张欧元钞票掉入地中海的画面时，一位老先生推开门牵着一位小女孩走进餐厅。

老先生满脸皱纹、一头白发，加上一身西装像是一位老绅士；小女孩看起来应该只有五六岁，穿了一件鲜艳活泼的小礼服，两人相对而坐凝神看着菜单，小女孩边看边低声地用德语跟爷爷交换意见。决定好餐点后，由小女孩举手示意请老板过来点菜，小女孩开始叽哩呱啦点餐，一开始老板还面有难色不断摇头，在小女孩稚嫩攻势不断恳求之下，终于苦笑着点了点头。她点的菜做得比硬汉的"蘑菇人参面"还要久，此时硬汉的面已经吃完了，但好奇心驱使下想一窥究竟小女孩到底点了什么，就跟同事有一句没一句地闲聊着，其实在斜眼偷偷看着小女孩，祖孙俩等待的时间也没闲着，爷爷作势指挥的模样，小女孩则低声唱着没听过的歌曲。过了半小时，主厨端出了一个大盘子，小女孩点的竟然是意大利薄皮pizza，硬汉没想到小女孩点的是意大利餐点，更让我讶异的是一间法国餐厅竟然愿意为一个小女孩做意式pizza。

那一天后硬汉就常常想象，有天当我也有了可爱女儿（原来早在十几年前就有这个想法了），我要跟老婆常常带着她去各式餐厅吃饭，就像那对祖孙一样，让女儿学着自己研究菜单、自己点菜，训练她自我表达，然后一家人快乐优雅地享用美食。基本的餐桌礼仪训练是少不了的，现在教导使用刀叉可能还太早，不过基本的坐姿仪态训练倒是可以从小开始，那就做一张可以端正坐姿、同时加入"古早味弹珠台"与"玩具收纳箱"等功能的"古早味弹珠台小椅"吧！

古早味弹珠台小椅结构图

椅背部件结构图

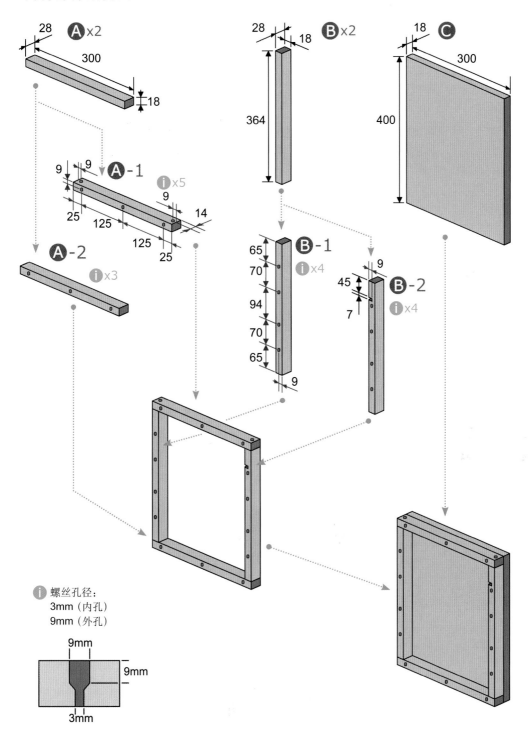

A×2 28 300 18

A-1 9 9 **i**×5 25 125 9 125 14 25

A-2 **i**×3

B×2 28 18 364

B-1 65 70 94 70 65 **i**×4 9

B-2 45 9 7 **i**×4

C 18 300 400

i 螺丝孔径：
3mm（内孔）
9mm（外孔）

9mm
9mm
3mm

座椅支撑部件结构图

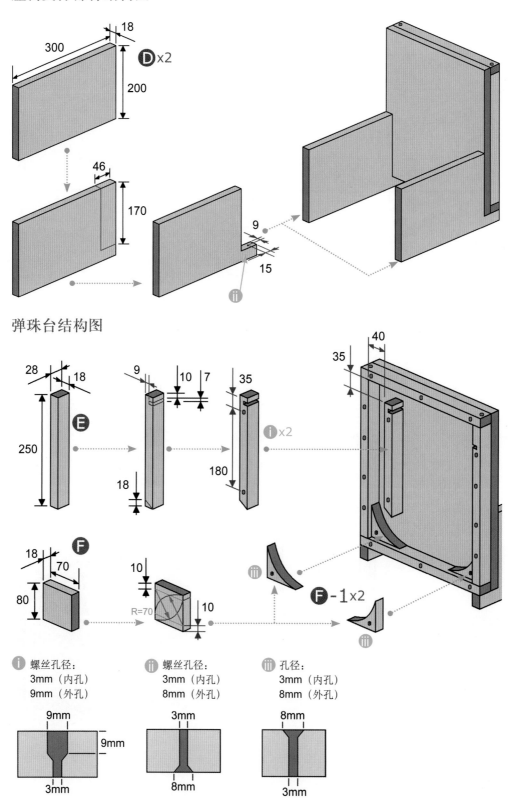

弹珠台结构图

① 螺丝孔径：
3mm（内孔）
9mm（外孔）

② 螺丝孔径：
3mm（内孔）
8mm（外孔）

③ 孔径：
3mm（内孔）
8mm（外孔）

椅面部件结构图

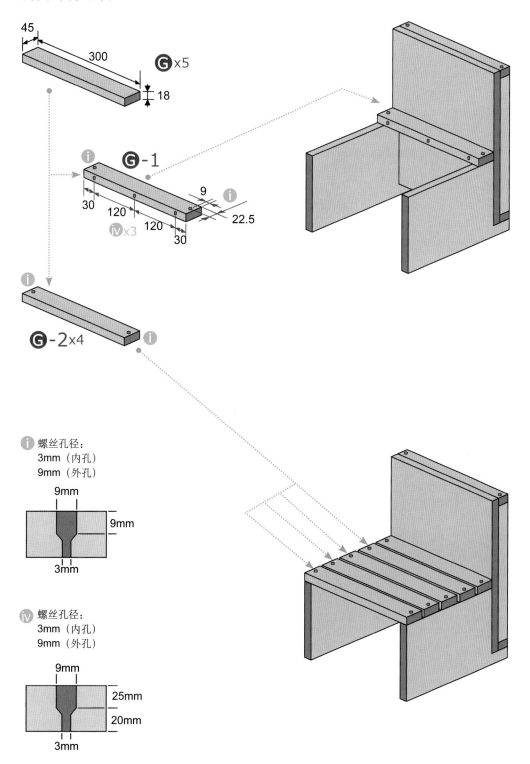

45

300

G×5

18

ⓘ

G-1

9

30

120

22.5

120

Ⓘ×3

30

ⓘ

G-2×4

ⓘ

ⓘ 螺丝孔径:
3mm（内孔）
9mm（外孔）

9mm

9mm

3mm

Ⓘ 螺丝孔径:
3mm（内孔）
9mm（外孔）

9mm

25mm

20mm

3mm

座椅下支撑部件结构图

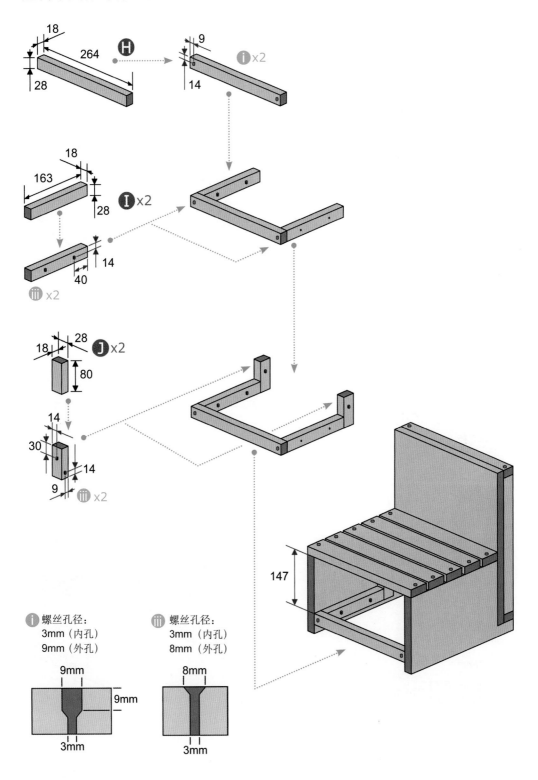

18
264
H
9
i ×2
28
14

18
163
I ×2
28
14
40
iii ×2

28
18
J ×2
80
14
30
14
9
iii ×2

147

i 螺丝孔径：
3mm（内孔）
9mm（外孔）

iii 螺丝孔径：
3mm（内孔）
8mm（外孔）

9mm
9mm
3mm

8mm
3mm

收纳抽屉部件结构图

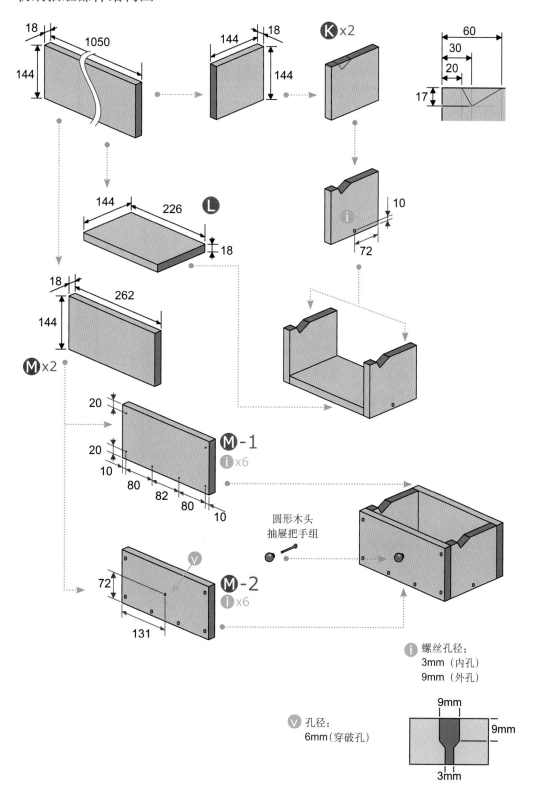

18
1050
144

144
18
144

K x2

60
30
20
17

144
226
L
18

10
i
72

18
262
144

M x2

20
20
10
80
82
80
10

M-1
i x6

圆形木头
抽屉把手组

72
131
V

M-2
i x6

i 螺丝孔径：
3mm（内孔）
9mm（外孔）

V 孔径：
6mm（穿破孔）

9mm
9mm
3mm

弹珠台面尺寸图

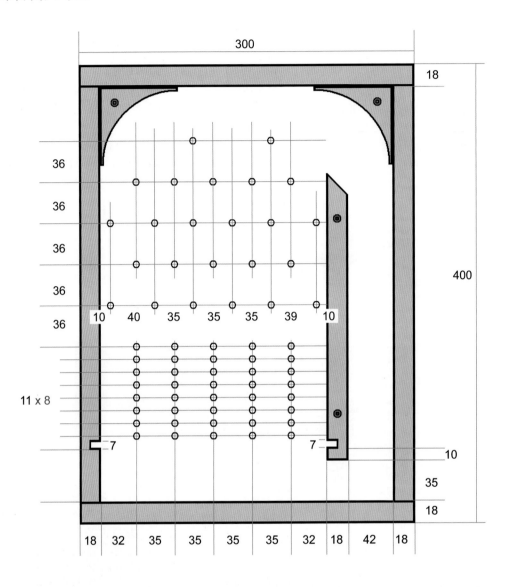

[注]弹珠台阻挡柱固定木钉的钻孔规格：孔径 6mm、深度 10mm。

✂ 料件清单

料件代号	材料名称＋规格	用量	备注
Ⓐ	木条 300mm（长）×28mm（宽）×18mm（厚）	2	
Ⓑ	木条 364mm（长）×28mm（宽）×18mm（厚）	2	
Ⓒ	木板 300mm（长）×400mm（宽）×18mm（厚）	1	
Ⓓ	木板 300mm（长）×200mm（宽）×18mm（厚）	2	
Ⓔ	木条 250mm（长）×28mm（宽）×18mm（厚）	1	
Ⓕ	木块 80mm（长）×70mm（宽）×18mm（厚）	1	
Ⓖ	木条 300mm（长）×45mm（宽）×18mm（厚）	5	
Ⓗ	木条 264mm（长）×28mm（宽）×18mm（厚）	1	
Ⓘ	木条 163mm（长）×28mm（宽）×18mm（厚）	2	
Ⓙ	木条 80mm（长）×28mm（宽）×18mm（厚）	2	
Ⓚ	木板 144mm（长）×144mm（宽）×18mm（厚）	2	
Ⓛ	木板 226mm（长）×144mm（宽）×18mm（厚）	1	
Ⓜ	木板 262mm（长）×144mm（宽）×18mm（厚）	2	
无	32mm 平头螺丝	51	
无	63mm 平头螺丝	6	
无	木塞	44	
无	木钉 30mm（长）×6mm（直径）	64	
无	22mm 平头螺丝	2	
无	圆形木头抽屉把手组	1	
无	亚克力板 220mm（长）×30mm（宽）×5mm（厚）	2	广告牌店可代客裁切，另外也可以用小塑料尺替代。
无	弹珠	10个左右	

✤ 使用工具:线锯机、电钻（3mm/6mm/8mm/10mm/20mm 钻头）、铁锤、锉刀、虎头钳、
　 十字起子、磨砂机
✤ 使用物件或五金零件:

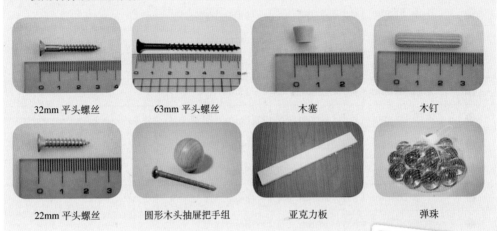

32mm 平头螺丝　　　63mm 平头螺丝　　　　木塞　　　　　　　木钉

22mm 平头螺丝　　　圆形木头抽屉把手组　　　亚克力板　　　　　弹珠

![椅背部件制作步骤]

椅背部件制作步骤

1 裁切主结构所需木件。

2 在木条 Ⓔ 上测量标示要裁切的 45 度角区块。

3 锯除木条 Ⓔ 要裁切的区块。

4 将木条 Ⓐ、木条 Ⓑ、木条 Ⓔ 放在木板 Ⓒ 上核对尺寸做最后确认。

5 在一块木条 Ⓑ 及木条 Ⓔ 上测量标示要切的区域。

6 用线锯机锯除木条 Ⓔ 要裁切的区块，多锯几道，便不使用凿刀也能去除要裁切的部分。

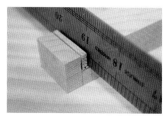

7 因为每段都锯得很薄，用铁尺拨动就能将凹槽内的木块去除。

8 用锉刀磨除凹槽内的毛边。

9 将一块木条 **B** 加工裁切凹槽后成为木条 **B**-1。将另一块木条 **E** 也加工完成。

10 在木条 **A**（**A**-1、**A**-2）、木条 **B**（**B**-1、**B**-2）、木条 **E** 上钻孔加工出螺丝固定孔。

11 将木条 **A**、木条 **B**、木条 **E** 每面打磨光滑。

12 在木条 **A**-1、**A**-2，木条 **B**-1、**B**-2 底面涂上木工胶抹匀。

13 在木条 **B**-1、**B**-2 两侧木口面也抹上木工胶。

14 将木条 **A**-1、**A**-2，木条 **B**-1、**B**-2 依图示粘在木板 **C** 上。

15 用十支 32mm 平头螺丝将木条 **A**-1、**A**-2，木条 **B**-1、**B**-2 正面锁附固定（位置参考步骤 **17** 红圈处）。

16 用两支 32mm 平头螺丝将木条 **A**-1 侧面锁附固定（位置参考步骤 **17** 蓝圈处）。

17 第一阶段椅背的螺丝固定位置。

18 裁切座椅支撑部件所需木板 ⓓ 两块。

19 在木板 ⓓ 上测量标示要裁切的区块并锯除。

20 如图在两块木板 ⓓ 上先钻 3mm 穿破孔，再扩 8mm 的沉头孔。

21 在木板 ⓓ 裁掉的内侧切面抹上木工胶。

22 将木板 ⓓ 粘在椅背下方位置。

23 用一支 63mm 平头螺丝从木板 ⓓ 下方固定。

24 用两支 63mm 平头螺丝穿过椅背上的木条 ⓑ-1 固定木板 ⓓ。

25 在第二块木板 ⓓ 裁掉的内侧切面抹上木工胶。

26 将木板 ⓓ 粘在椅背下方另一侧位置。

27 用一支 63mm 平头螺丝从第二块木板 ⓓ 下方固定。

28 用两支 63mm 平头螺丝穿过椅背上的木条 ⓑ-2 固定木板 ⓓ。

29 用十六颗木塞塞住椅背上的螺丝孔，用锤子隔着木板敲平。

30 将椅子半成品各棱角、锐边、粗糙面打磨光滑。

31 椅背靠背的棱角要打磨成圆弧形，才不会刮伤皮肤。

弹珠台面制作步骤

32 在木条 **E** 底面涂上木工胶抹匀。

33 将木条 **E** 如图粘合固定。

34 用两支 32mm 平头螺丝将木条 **E** 锁附固定。

35 用两颗木塞塞住木条 **E** 上的螺丝孔，用锤子隔着木板敲平。

36 在木板 **C** 上测量绘制弹珠间隔柱的孔位（细部尺寸见弹珠台面尺寸图）。

37 用 6mm 钻头在步骤 **36** 绘制的孔上钻深 10mm 的封闭孔。

38 将木板 **C** 木板面打磨光滑。

39 将板面的木屑清理干净。

40 用橡皮擦将打尺寸草稿的铅笔线擦除。

41 将弹珠台面上蜂蜡保护。

42 将六十四支木钉插入步骤 **37** 钻出的封闭孔内。

43 用铅笔在木块 **F** 上画出两块木块 **F**-1 弧板的草稿。

44 完成两块木块 **F**-1。

45 将木块 **F**-1 打磨光滑。

46 将木块 **F**-1 外侧面上蜂蜡保护。

47 在木块 **F**-1 内侧面抹上木工胶。

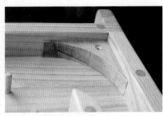

48 将木块 **F**-1 粘在弹珠台面右上角。

49 用一支 32mm 平头螺丝将木块 **F**-1 锁附固定。

50 重复步骤 **45~47**，将第二块木块 **F**-1 粘在弹珠台面左上角。

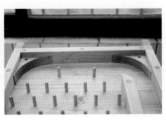

51 用一支 32mm 平头螺丝将木块 **F**-1 锁附固定。

52 将五块木板 **G** 钻孔加工成一块木条 **G**-1 及四块木条 **G**-2。

53 将一块木条 **G**-1 及四块木条 **G**-2 表面打磨光滑。

54 将磨砂机反置，打磨抛光棱角短边。

55 钻孔并打磨加工完成的木条 **G**-1。

56 在木条 **G**-1 前端面涂上蜂蜡保护。

57 在木条 **G**-1 后端面及底侧端面左右约 15mm 宽的区域涂上木工胶。

58 将木条 **G**-1 粘在如图的位置。

59 用两支 22mm 平头螺丝从木块 **G**-1 上方锁附固定。

60 用三支 32mm 平头螺丝从木块 **G**-1 前方锁附固定。

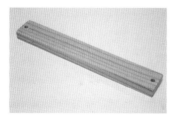

61 钻孔并打磨加工完成的木条 **G**-2。

62 在木条 **G**-2 前、后端面涂上蜂蜡保护。

63 在木条 **G**-2 底侧端面左右约 15mm 宽的区域涂上木工胶。

64 将四块木条 **G**-2 以 7 ~ 8mm 的间隔距离，粘在如图位置。

65 用两支（共八支）32mm 平头螺丝将每块木条 **G**-2 上方锁附固定。

66 用木塞塞住椅板上的螺丝孔。

67 用锤子隔着木板将木塞敲平。

68 共用十颗木塞将一块木条 **G**-1 及四块木条 **G**-2 上的螺丝孔塞住。

69 将椅面上十颗木塞塞入处打磨光滑。

70 将椅面涂上蜂蜡保护。

71 其他还没上蜂蜡的部位也一并涂上蜂蜡保护。

72 底部也要涂上蜂蜡保护。

⚒ 收纳抽屉部件制作步骤

73 裁切收纳抽屉所需木板 **K** 两块、木板 **L** 一块、木板 **M** 两块。

74 将木板 **K** 与木板 **M** 钻孔加工。

75 在木板 **K** 上锯出三角缺口。

76 在木板 Ⓛ 木口面抹上木工胶。

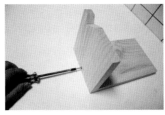

77 将木板 Ⓚ 与木板 Ⓛ 粘合固定，用一支 32mm 平头螺丝锁附固定。

78 重复步骤 **76~77**，将第二块木板 Ⓚ 固定在木板 Ⓛ 侧面，两块木板 Ⓚ 上的三角缺口要朝同一侧。

79 在木板 Ⓚ 与木板 Ⓛ 侧面抹上木工胶。

三角缺口

80 将木板 Ⓜ-2 放在朝三角缺口（前方），用六支 32mm 平头螺丝锁附固定。

81 重复步骤 **79~80**，用六支 32mm 平头螺丝将木板 Ⓜ-1 固定在收纳抽屉另一侧。

82 用十四颗木塞将收纳抽屉上所有螺丝孔塞住，用锤子隔着木板敲平。

83 将收纳抽屉半成品各棱角、锐边、粗糙面打磨光滑。

84 将收纳抽屉上蜂蜡保护。

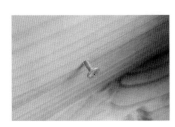

85 将圆形木头抽屉把手组的螺丝从木板 Ⓜ-2 内侧中心圆孔穿出。

86 螺丝外露部分保留约 10mm 的长度。

87 将圆形木把转入螺丝固定。

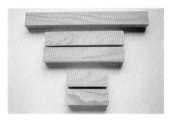  

88 裁切座椅下支撑所需木条 **H** 一块、木条 **I** 两块、木条 **J** 两块。

89 在木条 **H**、**I**、**J** 上钻孔加工出 3mm 穿破孔及 8mm 沉头孔的螺丝固定孔。

90 在两块木条 **I** 木口面抹上木工胶。

91 将两块木条 **I** 粘在木条 **H** 两侧，木条 **I** 的沉头孔朝内各用一支（共两支）32mm 平头螺丝锁附固定。

92 在两块木条 **I** 另一侧的木口面抹上木工胶。

93 如图，将两块木条 **J** 各用一支（共两支）32mm 平头螺丝锁附固定。

94 用两颗木塞塞住木条 **H** 上的螺丝孔，用锤子隔着木板敲平。打磨光滑后上蜂蜡保护。

95 将椅子反置，在如图位置放两把 30cm 塑料尺。

96 将收纳抽屉反过来放在塑料尺上，椅子跟收纳抽屉会有 1.5～3mm 的间隙。

97 将座椅下支撑部件如图紧压放在收纳抽屉上方。

98 用六支 32mm 平头螺丝将座椅下支撑锁附固定（红圈处）。

99 转回正面，即完成。

家家酒成长型书桌

掀起桌板就能玩家家酒小厨房游戏，
还是可以从小用到大的成长型书桌。

难度 ☆☆☆☆☆

制作时间　入门 24～28hr
　　　　　熟练 16～20hr

可以调整角度的桌板，让孩
子在阅读写字时更舒适。

将桌板直立，放上小厨房桌板，
就能让小朋友玩家家酒的游戏，
侧边的架子还可以收纳玩具。

十几年前，有个联电工程师在网络上分享希腊圣托里尼的摄影集《我的心遗留在爱琴海》，当年不但红透网络半边天，后来还出书及音乐CD。同一时间，硬汉人在比利时的布鲁塞尔，如果我比他早一个月发表《我的脸留影在尿尿小童》，不知道会不会也跟他一样红（闭目幻想ing）。布鲁塞尔的黄金广场十分美丽，尿尿小童就矗立在广场市政厅后的街道旁，如果不是有大批游客围住，小小一个还蛮不起眼的。附近商家都做"尿尿小童人形照相纪念立牌"，在一旁观察了许久，发现根本就没有人想把心或脸放在尿尿小童身上。当时我心想："这种站在牌子后逗人开心的事，我这辈子才不会做！"不过，俗话说做人不要太铁齿，过了几年之后我就做了，而且还每晚都做，就为了逗宝贝女儿开心，每晚都躲在自制的布袋戏台后头，念绘本演戏逗她开心。

前阵子和前同事吃饭，当年我们曾说要一辈子当单身贵族，后来各自结婚成家。婚后六年他仍在犹豫要不要生小孩，他说下班回家只想躺在客厅沙发上看电视、上网，假日跟老婆四处去玩，极度害怕现在自由自在的生活被改变。但看到我有了女儿后性格大为转变，让他对婚姻跟小孩的价值观产生了疑惑。我对他说，小孩的诞生真是无比神奇，她（他）会彻底扭转我们二三十年根深蒂固的价值观，工作不再是精神寄托与实现自我的唯一选项，日以继夜构思的精力与创造力，也从工作企划案变成女儿的手作玩具，我的世界版图彻底改变，因为女儿去不了的地方，我也不会想去。现在和老婆看以前出游照片时，就常感叹应该早点生孩子，让生活更精彩！

他问我养育小孩会很累吗？说不会是骗人的，一岁前常睡不好觉；小孩不会走路前，出门大包小包很不方便；会走路后，耍赖不走要人抱让人很累；不会说话前，哭闹让人猜不透原因很抓狂；会说话后，一直问为什么会解释得非常烦躁。不过……

疲惫的时候，她会帮你捶捶肩膀。
懒惰的时候，她会帮你拿遥控器。
烦躁的时候，她会编歌唱给你听。

摆放在纪念品店外的尿尿小童人形立牌。

自制的布袋戏台可以说故事、表演动态绘本，跟小孩欢乐地互动。

无聊的时候，她会跳舞让你快乐。

倦怠的时候，她会给你活力冲劲。

瓶颈的时候，她会给你创意电力。

夫妻冷战时，她会热情化解对立。

聚会无聊时，她会活络热闹气氛。

所以，有小孩的快乐还是远多过烦恼的！

在 Mobile01 陆续发文后，常被网友询问："做了这么多玩具，女儿最喜欢哪一样？"我每次的回答都一样，女儿最喜欢的是"彩绘小厨房兼布袋戏台"。我也感到好奇，那是我刚重拾木工时做的，其实做工还蛮粗糙，想不透女儿为什么对后来做的声光俱佳的玩具不感兴趣而独爱这台。后来才知道，是因为女儿在玩家家酒时和我们有互动，并且可以从中得到赞美和成就感。其实孩子并不在乎玩具的好坏，自从有了这台彩绘小厨房兼布袋戏台，本来没有主见、百依百顺的女儿，突然开始有了很多自己的想法，不但在玩家家酒做菜方面有很多创新的点子，还发明了很多天马行空的菜单，独立思考的能力也有了突飞猛进的进步。某次去才艺班上绘画课时，老师拿出鬃毛笔让每个小朋友摸，要小朋友回答感觉是"软软的"还是"刺刺的"。每个小朋友都回答"软软的"，只有女儿回答"刺刺的"。此后淇淇不只在某些事上常常有自己的想法，在衣着方面也开始展现自己的审美观及主见，有时听老婆跟女儿之间的对话，都很怀疑女儿真的只有三岁吗？虽然这个小不点的搭配，常让我们啼笑皆非，但看到她勇于表达自己意见，让我十分高兴。

训练小孩事事表达自己想法，父母需要很大的耐心与智慧，做个可以玩家家酒的"小厨房"是个不错的开始，你会惊讶孩子展现的想法与创意。在做小厨房前还可以加些巧思、加些设计，就能让它除了游戏功能外，还能是一张很实用、市面上要价不菲的"成长型书桌"。

两岁九个月的淇淇翻着食物绘本思考要做什么菜。 第一次穿小旗袍很在意合不合身的淇淇。

家家酒成长型书桌结构图

桌板部件结构图

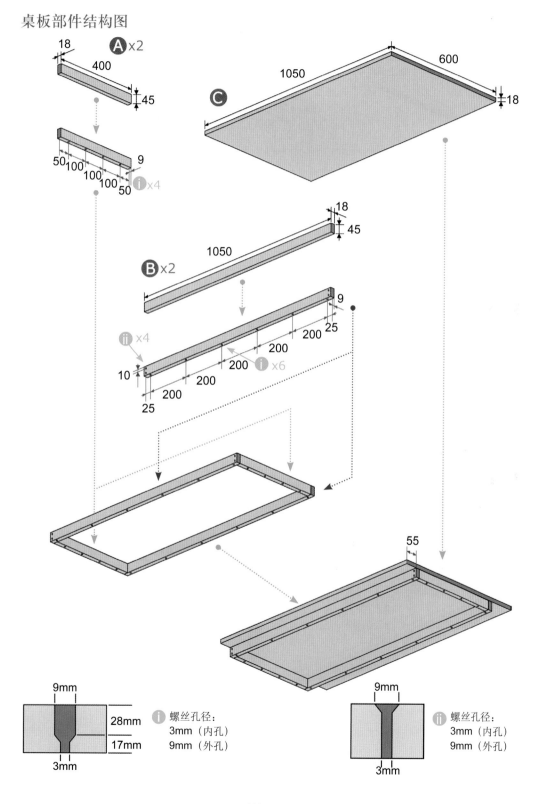

Ⓐx2
18
400
45

Ⓒ
1050
600
18

50 100 100 100 50
9
ⓘx4

18
45
1050
Ⓑx2
9

ⓘⓘx4
10
200 200 200 200 200 200
25
25
ⓘx6

55

9mm
28mm
17mm
3mm

ⓘ 螺丝孔径:
3mm（内孔）
9mm（外孔）

9mm
3mm

ⓘⓘ 螺丝孔径:
3mm（内孔）
9mm（外孔）

桌架部件结构图

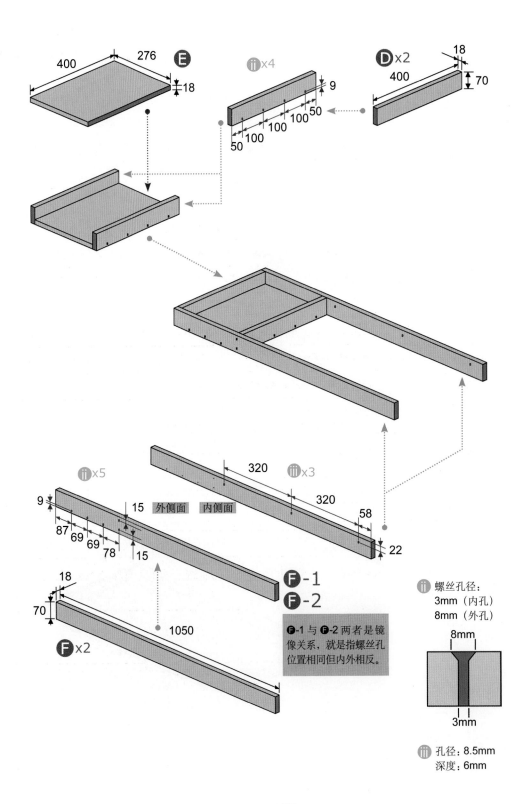

400　276　**E**

↕18

ⅱ×4

9

50

100

100

50

100

50

D×2

18

400

70

320

ⅱ×5

ⅲ×3

320

58

9

15　外侧面　内侧面

87　69

69

78　15

22

F-1
F-2

18

70

1050

F×2

F-1 与 **F**-2 两者是镜像关系，就是指螺丝孔位置相同但内外相反。

ⅱ 螺丝孔径：
3mm（内孔）
8mm（外孔）

8mm

3mm

ⅲ 孔径：8.5mm
深度：6mm

宽侧边脚部件结构图

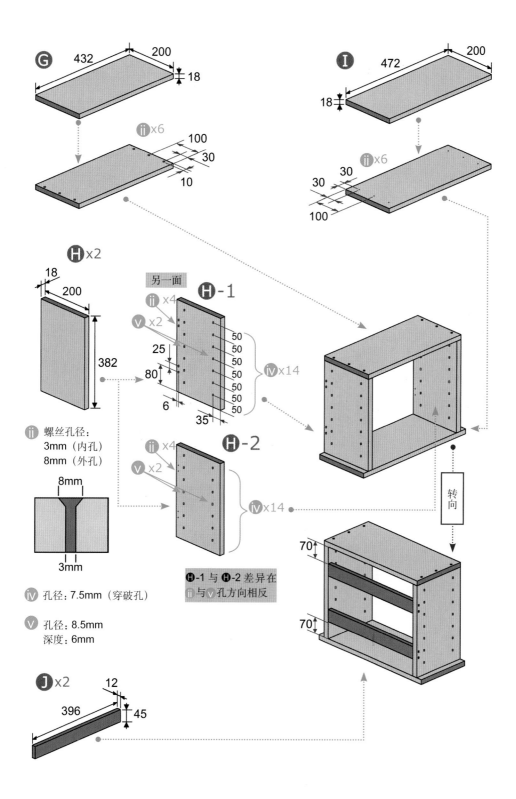

G 432 200 18

I 472 200 18

ⅱ×6 100 30 10

ⅱ×6 30 30 100

H×2

18 200 382

另一面

H-1 ⅱ×4 v×2 25 80 6 35 50 50 50 50 50 50 50 ⅳ×14

ⅱ 螺丝孔径：
3mm（内孔）
8mm（外孔）

8mm
3mm

H-2 ⅱ×4 v×2 ⅳ×14

H-1 与 **H**-2 差异在
ⅱ 与 v 孔方向相反

ⅳ 孔径：7.5mm（穿破孔）

v 孔径：8.5mm
深度：6mm

转向

70 70

J×2 12 396 45

221

窄侧边脚部件结构图

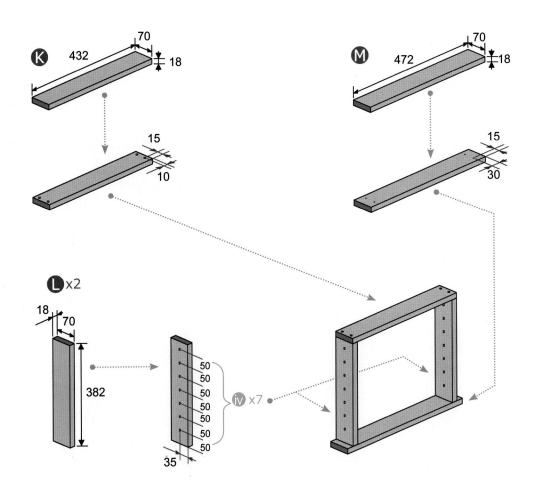

宽／窄侧边脚部件加工图

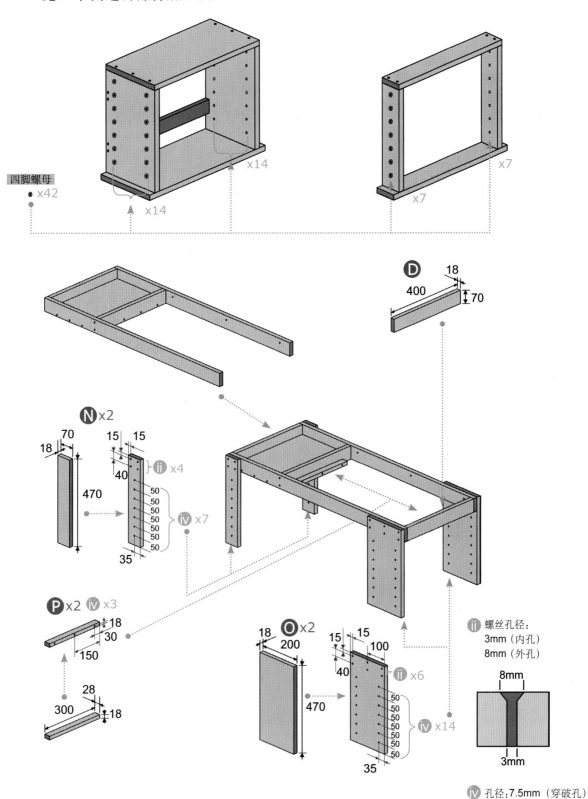

四脚螺母
● x42

x14

x14

x7

x7

D 18 400 70

N x2
70 18 15 15
470 40
ii x4
50 50 50 50 50 50 50
iv x7
35

P x2 **iv** x3
18 30
150
28 300 18

O x2
18 200
15 15 100
40
ii x6
50 50 50 50 50 50 50
iv x14
470
35

ii 螺丝孔径:
3mm(内孔)
8mm(外孔)

8mm
3mm

iv 孔径:7.5mm(穿破孔)

桌架主结构组装图

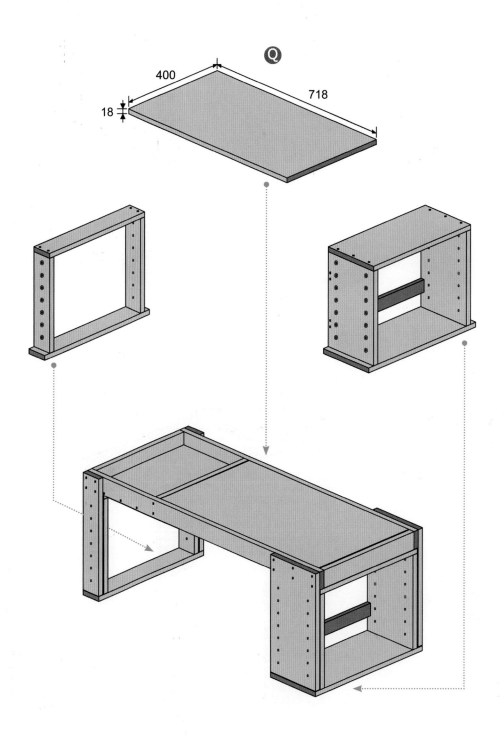

400
718
18
Q

书桌组装图

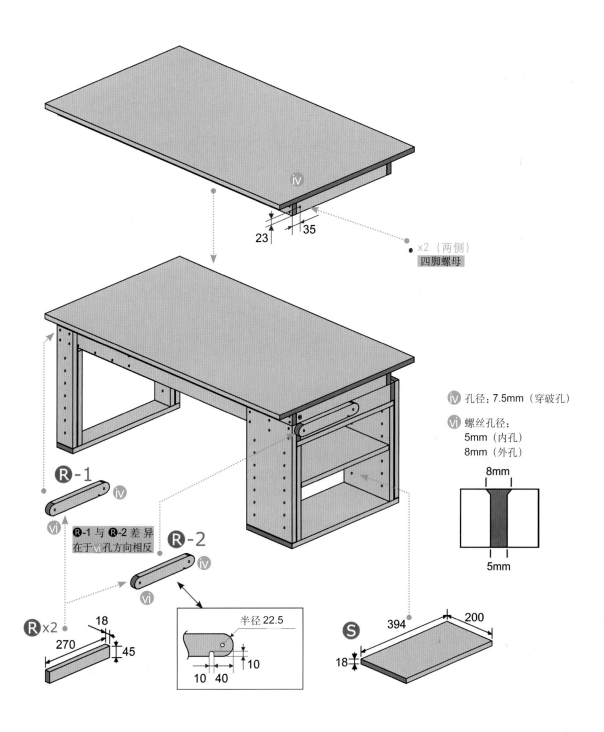

23 | 35

×2 （两侧）
四脚螺母

R-1

iv

R-1 与 R-2 差异
在于 vi 孔方向相反

R-2

iv

vi

R×2

18

270

45

半径 22.5

10

10 40

iv 孔径：7.5mm（穿破孔）

vi 螺丝孔径：
5mm（内孔）
8mm（外孔）

8mm

5mm

S

394

200

18

家家酒水龙头部件结构图

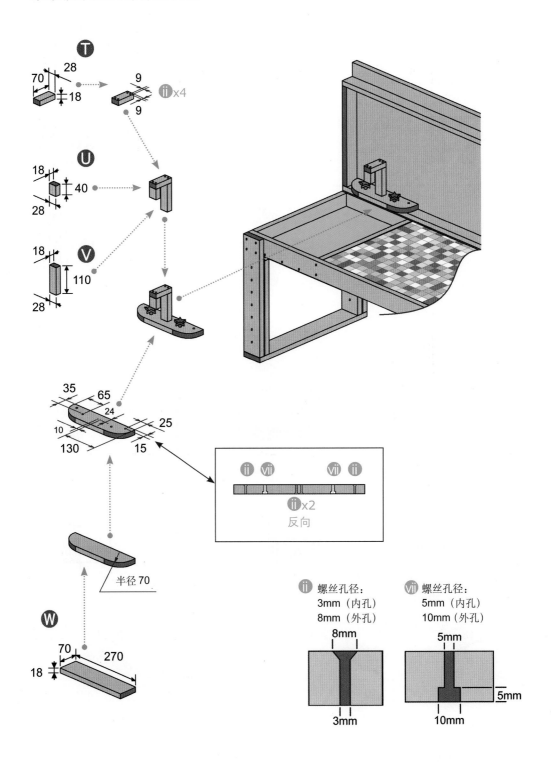

T

70
28
18

9
9
ii x4

U
18
40
28

V
18
110
28

35
65
24
25
10
130
15

ii vii   vii ii

ii x2
反向

半径 70

W
70
270
18

ii 螺丝孔径：
3mm（内孔）
8mm（外孔）
8mm
3mm

vii 螺丝孔径：
5mm（内孔）
10mm（外孔）
5mm
5mm
10mm

料件清单

料件代号	材料名称＋规格	用量	备注
A	木条 400mm（长）×45mm（宽）×18mm（厚）	2	
B	木条 1050mm（长）×45mm（宽）×18mm（厚）	2	
C	木板 1050mm（长）×600mm（宽）×18mm（厚）	1	
D	木条 400mm（长）×70mm（宽）×18mm（厚）	3	
E	木板 400mm（长）×276mm（宽）×18mm（厚）	1	
F	木条 1050mm（长）×70mm（宽）×18mm（厚）	2	
G	木板 432mm（长）×200mm（宽）×18mm（厚）	1	
H	木板 382mm（长）×200mm（宽）×18mm（厚）	2	
I	木板 472mm（长）×200mm（宽）×18mm（厚）	1	
J	木条 396mm（长）×45mm（宽）×12mm（厚）	2	
K	木条 432mm（长）×70mm（宽）×18mm（厚）	1	
L	木条 382mm（长）×70mm（宽）×18mm（厚）	2	
M	木条 472mm（长）×70mm（宽）×18mm（厚）	1	
N	木条 470mm（长）×70mm（宽）×18mm（厚）	2	
O	木板 470mm（长）×200mm（宽）×18mm（厚）	2	
P	木条 300mm（长）×28mm（宽）×18mm（厚）	2	
Q	木板 718mm（长）×400mm（宽）×18mm（厚）	1	
R	木条 270mm（长）×45mm（宽）×18mm（厚）	2	
S	木板 394mm（长）×200mm（宽）×18mm（厚）	1	
T	木块 70mm（长）×28mm（宽）×18mm（厚）	1	
U	木块 40mm（长）×28mm（宽）×18mm（厚）	1	
V	木块 110mm（长）×28mm（宽）×18mm（厚）	1	
W	木条 270mm（长）×70mm（宽）×18mm（厚）	1	
无	32mm 平头螺丝	108	
无	铜珠	10	
无	四脚螺母	44	
无	调整脚垫	12	

料件代号	材料名称＋规格	用量	备注
无	63mm 平头螺丝	8	
无	不锈钢垫锅架	2	
无	陶瓷小花把手	2	
无	马赛克彩色壁纸	适量	面积大于木板 ❷ 即 718mm（长）×400mm（宽）
无	红色不织布	1	购买 300mm 见方
无	双面胶	些许	
无	镀铜小铰链	2	
无	20mm 平头螺丝	19	
无	白铁箱扣	2	
无	木钉 30mm（长）×6mm（直径）	2	
无	陶瓷星星把手	2	
无	彩色挂钩	1	一组三个
无	蓝色不织布	1	购买 600mm 见方
无	可固定式调整灯具	1	范例使用灯具在 IKEA 采购，读者可自行选用合适灯具
无	布制水果玩具组	1	
无	布制蔬菜玩具组	1	
无	厨具玩具组	1	
无	不锈钢锅具玩具组	1	
无	迷你切菜板	1	

✤ 使用工具：线锯机、电钻（3mm/5mm/6mm/7.5mm/8mm/8.5mm/9mm/10mm 钻头）、铁锤、凿刀、十字起子、美工刀、磨砂机

✤ 使用物件或五金零件：

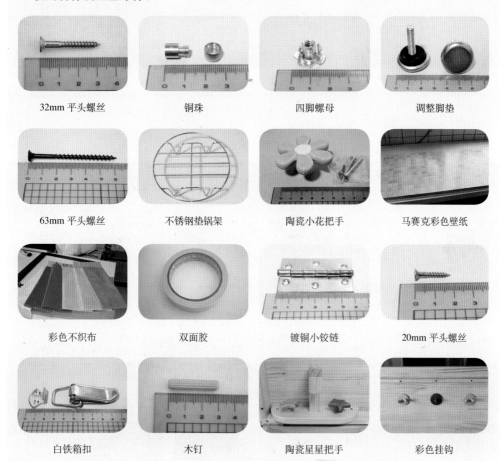

32mm 平头螺丝	铜珠	四脚螺母	调整脚垫
63mm 平头螺丝	不锈钢垫锅架	陶瓷小花把手	马赛克彩色壁纸
彩色不织布	双面胶	镀铜小铰链	20mm 平头螺丝
白铁箱扣	木钉	陶瓷星星把手	彩色挂钩

桌板部件制作步骤

1 裁切所需木件。

2 在木条 Ⓐ、Ⓑ 上测量标记螺丝钻孔位置。

3 先用 3mm 钻头钻穿破孔。

4 完成木条 Ⓐ、Ⓑ 上所有的 3mm 穿破孔。

5 先用胶带在钻 9mm 的钻头上标示要钻的深度，再钻扩孔。

6 在全部 3mm 钻洞上用 9mm 钻头钻扩孔。

7 在木条 Ⓐ 木口面涂上木工胶。

8 每端各用两支（共八支）32mm 平头螺丝，将两块木条 Ⓐ 与两块木条 Ⓑ 锁附固定。

9 将外侧面各棱角、锐边、粗糙面打磨光滑。

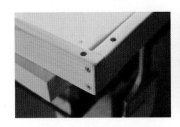

10 角落都要磨成圆弧角，以免刮伤。

11 将木板 Ⓒ 各棱角、锐边、粗糙面打磨光滑。

12 将木条 Ⓐ、Ⓑ 组合框架放上木板 Ⓒ。

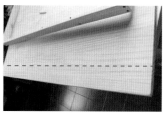

13 组合框架距离木板 **C** 长边 55mm，可以用调整灯具的可固定式固定架来测量（距离视使用的灯具调整）。

14 距木板 **C** 长边 55mm 处画一条定位线。

15 将木条 **A**、**B** 组合框对准步骤 **13**、**14** 绘制的线条上，用二十支 32mm 平头螺丝锁附固定。

🪓 桌架部件制作步骤

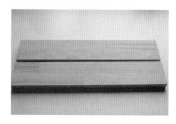

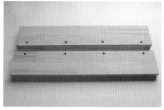

16 先在两块木条 **D** 上测量标注螺丝钻孔位置。

17 在两块木条 **D** 上钻孔加工出螺丝固定孔。

18 将木板 **E** 长端木口面涂上木工胶。

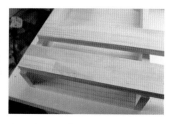

19 将两块木条 **D** 与木板 **E** 粘合固定，每边各用四支（共八支）32mm 平头螺丝锁附固定。

20 将两块木条 **F** 跨放在步骤 **19** 加工好的部件（图左）与第三块木条 **D** 上（图右），比对定位。

21 在木条 **F** 上测量标记螺丝钻孔位置，并钻孔加工成木条 **F**-1 与木条 **F**-2。

22 量测铜珠的公头直径，四舍五入后为 8mm，因此中心点距边缘是 4mm。

23 量测铜珠的母头外径约为 9mm。

24 量测铜珠的母头厚度约为 6mm。

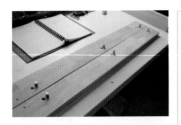

固定铜珠母头封闭孔规格的计算方式如下：

a. 距上缘尺寸：
由步骤 **22** 测量得出铜珠公头中心点距边缘是 4mm，要支撑的木板 **Q** 厚度为 18mm，所以铜珠公头中心点要距离木条 **F** 上缘 18+4=22mm，这样木板 **Q** 放置在铜珠公头上才会与木条 **F** 上缘切平。

b. 钻孔直径：
要比步骤 **22** 测量得出的铜珠母头外径 9mm 小一些，因此设定在 8.5mm。

c. 钻孔深度：
要和步骤 **23** 测量得出的铜珠母头外径 6mm 相同，因此设定在 6mm。

25 先在两块木条 **F** 内侧面测量标记三个点，固定铜珠母头的钻孔位置（见桌架部件结构图），再钻孔加工出封闭孔。

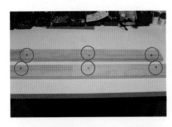

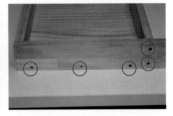

26 将六颗铜珠母头钉入两块木条 **F** 内侧面的铜珠母头封闭孔内。

27 将两块木条 **F**-1 与木条 **F**-2 铜珠母头面朝内，和步骤 **19** 加工好的部件如图摆放。

28 每侧各用五支（共十支）32mm 平头螺丝锁附固定。

宽侧边脚与窄侧边脚部件制作步骤

29 量测四脚螺母的直径，约为 7.5mm。

30 将各两块木条 **L**（上）与木条 **N**（下）左侧切平叠放，在木条上测量标记七个点，固定四脚螺母的钻孔位置（见窄侧边脚部件结构图）。

31 木条 **L** 与木条 **N** 用木工夹夹紧定位。如果没有木工夹，可用胶带缠绕固定，标注点用中心冲按压出下凹定位点。

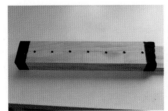

32 用 7.5mm 的钻头同时在木条 **L** 与木条 **N** 上贯穿出七个 7.5mm 的穿破孔。

33 重复步骤 **30~32**，在木板 **H**（上）与木板 **O**（下）上贯穿出十四个 7.5mm 的穿破孔（见宽侧边脚部件结构图）。

34 木条 **L**、木条 **N**、木板 **H**、木板 **O** 钻孔加工完成。

35 将各木板钻孔两面打磨光滑（棱角和锐边先不磨）。

36 将四脚螺母钉入木条 **L** 与木板 **H** 上的穿破孔，两块木条 **L** 需使用十四颗四脚螺母；两块木板 **H** 需使用二十八颗四脚螺母。

37 将木条 **L** 钉完四脚螺母，木板 **H** 也使用相同方法钉入四脚螺母。

38 将两块木条 **L** 的四脚螺母面朝外侧与木条 **K** 接合，用四支 32mm 平头螺丝锁附固定，固定前可以先在木条 **K** 上钻孔加工出螺丝固定孔（见窄侧边脚部件结构图）。

39 先在木条 **M** 上钻孔加工出螺丝固定孔（见窄侧边脚部件结构图），再将木条 **M** 固定在两块木条 **L** 的另一侧，用四支 32mm 平头螺丝锁附固定。

40 将两块木板 **H** 四脚螺母面朝外侧与木板 **G** 接合并用六支 32mm 平头螺丝锁附固定，固定前可以先在木板 **G** 上钻孔加工出螺丝固定孔（见宽侧边脚部件结构图）。

41 先在木板 **I** 上钻孔加工出螺丝固定孔（见宽侧边脚部件结构图），再将木板 **I** 固定在两块木板 **H** 的另一侧，用六支 32mm 平头螺丝锁附固定。

42 在两块木板 **I** 内侧面的第四孔处（红圈处），用 8.5mm 的钻头钻深 6mm 的扩孔，再将四颗铜珠母头钉入两块木板 **I** 的扩孔内。

43 将两块木条 **J** 各用四支（共八支）32mm 平头螺丝锁附固定在两块木板 **I** 间（固定位置见宽侧边脚部件结构图）。

桌架部件制作步骤

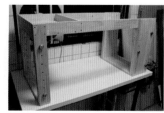

44 在木条 **N** 与木板 **O** 上钻孔加工出如图红框内的 3mm 穿破孔及 8mm 沉头孔的螺丝固定孔（见宽/窄侧边脚部件加工图）。

45 两侧各用两颗调整脚垫，将木条 **N** 固定在窄侧边脚上（红圈处）；两侧各用三颗调整脚垫，将木板 **O** 固定在宽侧边脚上（绿圈处）。

46 将步骤 **28** 完成的桌架半成品放在窄侧边脚与宽侧边脚上。

47 将木条 **D** 放至如图位置。

48 每侧各用两支（共四支）63mm 平头螺丝（红圈处）与两支（共四支）32mm 平头螺丝（绿圈处）将木条 **N** 锁附固定。

49 每侧各用两支（共四支）63mm 平头螺丝（红圈处）与四支（共八支）32mm 平头螺丝（绿圈处）将木板 **O** 锁附固定。锁好后拆掉调整脚垫，取下窄侧边脚跟宽侧边脚。

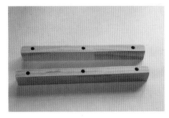

50 在两块木条 **P** 上测量标记螺丝钻孔位置，并做钻孔加工。

51 将一块木条 **P** 用三支 32mm 平头螺丝置中锁附固定在桌架内侧（见宽 / 窄侧边脚部件加工图）。

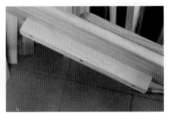

52 将另一块木条 **P** 用三支 32mm 平头螺丝置中锁附固定在桌架对向内侧（见宽 / 窄侧边脚部件加工图）。

🔨 小厨房桌板部件制作步骤

53 将木板 **Q** 各棱角、锐边、粗糙面打磨光滑。

54 将不锈钢垫锅架与陶瓷小花把手放至木板 **Q** 上标记固定位置。

55 用 8mm 的钻头在两个不锈钢垫锅架四脚位置标注点各钻一个穿破孔（共八孔）；用 5mm 的钻头在两个陶瓷小花把手位置标注点各钻一个穿破孔（共两孔）。

56 用线锯机在不锈钢垫锅架四脚位置标注孔前后拉锯出长形缺口。

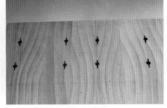

57 重复步骤 **56**，将八个不锈钢垫锅架四脚位置标注孔前后，都拉锯出长形缺口。

58 将马赛克彩色壁纸贴上木板 **Q**，多余部分用刀片切除。

59 用刀片将八个不锈钢垫锅架四脚位置标注孔与两个陶瓷小花把手位置标注孔上的马赛克彩色壁纸划破。

60 用圆规在红色不织布上画出两个直径小于不锈钢垫锅架四脚的圆形。

61 用剪刀剪下两个圆形红色不织布，贴上双面胶。

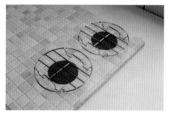

62 撕下红色不织布上的双面胶，粘在如图两个不锈钢垫锅架四脚中间，当成炉火。

63 将不锈钢垫锅架装入四脚位置标注孔内。

64 将两个陶瓷小花把手锁在木板 **Q** 上。

🪓 主结构组装步骤

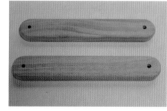
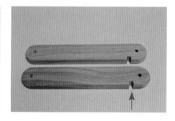

65 在两块木条 **R** 上测量标记钻孔位置，并用圆规辅助画出四角要切除的圆弧区块。

66 用电钻钻出穿破孔，再用线锯机锯除四角要去除区块，加工成木条 **R**-1 与木条 **R**-2。

67 使用 10mm 钻头在箭头位置先钻一个穿破孔，再用凿刀将开口切成开放缺口。

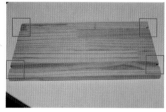
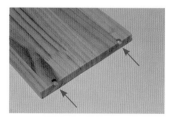

68 将四颗铜珠公头锁入木板 **I** 上的铜珠母头。

69 将木板 **S** 放入宽侧边脚内的铜珠公头上，用铅笔标注铜珠公头位置。

70 用 10mm 的钻头在木板边缘标注铜珠公头位置，钻深 8mm 的封闭孔，再用凿刀将开口切成开放缺口。

71 重复步骤 **67**，在另一侧做出相同缺口，这样木板 **S** 就能卡入木板 **I** 上的铜珠公头内。

72 将宽侧边脚、窄侧边脚各棱角、锐边、粗糙面打磨光滑。

73 将桌架各棱角、锐边、粗糙面打磨光滑。

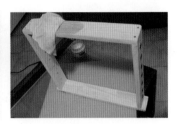

74 将桌板部件内面上蜡。

75 将宽侧边脚部件上蜡。

76 将窄侧边脚部件上蜡。

77 将桌架部件上蜡。

78 将木板 **S** 上蜡。

79 将木条 **R**-1 与木条 **R**-2 上蜡。

80 将桌板部件放至桌架部件上，将桌面上蜡。

81 用三支 32mm 平头螺丝将镀铜小铰链锁在如图位置（转轴切齐木条 **F** 内缘）。

82 用三支 32mm 平头螺丝将镀铜小铰链锁在上图位置（转轴切齐木条 **F** 内缘）。

83　放上桌板部件，将桌板上红圈位置的螺丝先取下，穿过镀铜小铰链再重新锁上，另用两支20mm平头螺丝将镀铜小铰链另外两孔锁附固定。

84　用三支20mm平头螺丝将镀铜小铰链锁附固定。

85　用四支20mm平头螺丝将白铁箱扣锁附固定在书桌左侧如图位置。

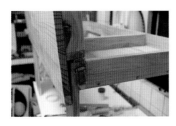

86　用四支20mm平头螺丝将白铁箱扣锁附固定在书桌右侧如图位置。

87　用一支32mm平头螺丝将木条 Ⓡ-1 锁在桌架上如图位置，木条 Ⓡ-1 上缘切齐桌架上缘，螺丝孔对齐木条 Ⓕ 木口面的水平中线，螺丝不用锁紧，保持木条 Ⓡ-1 能往上转动即可。

88　将木条 Ⓡ-1 上缘切齐桌架上缘。

89　用中心冲穿入木条 Ⓡ-1 下方10mm开放缺口中央，在木条 Ⓡ-1 后方的木条 Ⓓ 上按压出定位点。

90　在定位点上用6mm钻头钻深15mm的封闭孔，钉入一支木钉。

91　木钉可以将木条 Ⓡ-1 支撑在水平位置。

92　重复步骤 87~91,将木条 Ⓡ-2 与一支木钉固定在桌架另一侧。

93　在桌板木条 Ⓐ 上钻一个7.5mm穿破孔（见书桌组装图）。

94　将四脚螺母钉入穿破孔，另一侧依相同方法也钻孔后钉入四脚螺母。

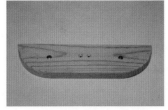

95 裁切加工好家家酒水龙头所需木件（尺寸见家家酒水龙头部件结构图），并打磨光滑。

96 在木条 Ⓦ 上钻孔加工（位置与规格见家家酒水龙头部件结构图）。

97 将木条 Ⓣ、Ⓤ、Ⓥ 上木工胶先如图粘合定位。

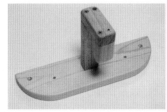

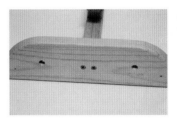

98 用四支 32mm 平头螺丝将木条 Ⓣ、Ⓤ、Ⓥ 锁附固定。

99 将 Ⓣ、Ⓤ、Ⓥ 结合件上胶与木条 Ⓦ 粘合定位。

100 用两支 32mm 平头螺丝将木条 Ⓣ、Ⓤ、Ⓥ 结合件锁附固定。

101 将陶瓷星星把手的螺丝从木条 Ⓦ 底面穿入。

102 共穿入两支螺丝。

103 将陶瓷星星把手锁上螺丝。

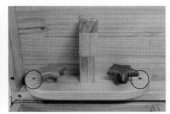

104 将家家酒水龙头部件上蜡。

105 用两支 32mm 平头螺丝将家家酒水龙头部件锁附固定。

106 将彩色挂钩的内片贴上双面胶粘在桌板背面。

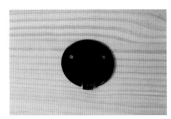

107 各用两支（共六支）20mm 平头螺丝将彩色挂钩的内块锁附固定。

108 将彩色挂钩卡入内块，也可以使用其他的螺丝挂钩。

109 测量洗碗槽尺寸，剪裁相同大小的蓝色不织布。

110 在蓝色不织布上贴双面胶。

111 将蓝色不织布翻面贴入洗碗槽。

112 将小厨房桌板部件放入桌架内，放在两块木条 ❷ 上。

113 窄脚两侧各用两颗（共四颗）调整脚垫固定窄侧边脚。

114 宽脚两侧各用三颗（共六颗）调整脚垫固定宽侧边脚。

115 将两个调整脚垫固定在桌板侧面。

116 桌板下方可以放软性硅胶垫，用来保护小孩的手腕，或是裁切一块长 1050mm、宽 35mm 的半圆形木条。

117 将半圆形木条上木工胶粘在桌板下方。

118 半圆形木条的两端与中间部分，可垫着布再用木工夹夹紧，待木工胶干透固定。

1 左上方可架设护目调整台灯。

2 将两侧支架立起锁紧固定。

3 桌板可抬升30度方便阅读写字。

4 书桌高度可调整至55cm、60cm、65cm、70cm、75cm、80cm六种高度。

5 桌侧有书架可以放置图书与玩具。

6 调高书桌高度后，可再多出一层放书空间。

7 放下小厨房桌板，就能放置玩具。

8 也可以用来收纳文具。

9 立直桌板组件，将两侧箱扣扣住。

10 拿起小厨房桌板，锁上六颗铜珠公头。

11 放回小厨房桌板。

12 摆上家家酒玩具组件，就是宝贝欢乐的玩乐时光。

{ Conclusion } 后记

好几位网友曾问我，做了这么多玩具后，是否曾经对木工感到厌烦。

去年六月重拾木工以来，我一直有个遗憾，为什么等到女儿两岁半后，才开始为她做玩具与用具，如果时间可以拉回到女儿出生前半年，我一定会亲手打造她所有的物品，如婴儿床、尿布台、儿童座椅、学步车等。孩子成长的速度真的很快，闭上眼回想，仿佛不久前才在产房含着泪迎接她的到来，从不会翻身、饿了就哇哇大哭的小婴儿，一转眼就变成会躲在书桌下撒娇的小猫咪。将来女儿一定不会再像现在这样黏着我，我才格外珍惜这段时光，这也是我为什么会不断帮她做玩具的原因。与其说这些玩具是她幼年成长的快乐记忆，倒不如说是将来女儿不再依恋我时，我用来回忆这段快乐日子的时光胶囊。

市面上教导新手爸妈关于幼儿抚育及亲子教养的书不少，希望这本书能成为新手爸妈为宝贝创造快乐童年时光的工具书，只须带着疼爱子女的热情及简单的工具，得到的惊喜与成就感绝对会是您将意想不到的！

图书在版编目（CIP）数据

硬汉阿爸的爱心手作：亲手为孩子打造最安心的原木玩具／
廖宏德著 . — 天津：百花文艺出版社，2016.8
ISBN 978-7-5306-7032-3

Ⅰ . ①硬… Ⅱ . ①廖… Ⅲ . ①木制品－玩具－制作－
教材 Ⅳ . ① TS958.4

中国版本图书馆 CIP 数据核字 (2016) 第 158153 号

　　本著作物简体版通过北京玉流文化传播发展有限责任公司，由精诚资讯股份有限
公司悦知文化授权中国大陆地区（不包括台湾、香港及海外其他地区）出版。非经书
面同意，不得以任何形式，任意重制转载。

硬汉阿爸的爱心手作：亲手为孩子打造最安心的原木玩具
廖宏德　著

出 版 人　李勃洋
出 版 方　百花文艺出版社
地　　址　天津市和平区西康路 35 号　　邮编 300051
电话传真　+86-22-23332651（发行部）
　　　　　+86-22-23332656（总编室）
　　　　　+86-22-23332478（邮购部）
主　　页　http://www.baihuawenyi.com
发 行 方　新经典发行有限公司
　　　　　电话 (010)68423599　邮箱 editor@readinglife.com
经　　销　新华书店

责任编辑　刘佩莲
特邀编辑　侯晓琼　王　依
装帧设计　宋　璐
内文制作　王春雪

印　　刷　北京汇林印务有限公司
开　　本　787 毫米 ×1092 毫米　1/16
印　　张　15.5
字　　数　300 千
版　　次　2016 年 8 月第 1 版
印　　次　2016 年 8 月第 1 次印刷
书　　号　ISBN 978-7-5306-7032-3
定　　价　49.00 元